AF522818

Mechthild Scheffer

Die Original Bachblütentherapie

TIERE HEILEN MIT BACHBLÜTEN

natürlich · einfach · spirituell

Praxisbuch mit Diagnosetabelle

AURINIA

Mechthild Scheffer
TIERE HEILEN MIT BACHBLÜTEN

Die Inhalte des Buches wurden von der Verfasserin nach bestem Wissen erstellt und mit größtmöglicher Sorgfalt geprüft. Sie bieten jedoch keinen Ersatz für eine fachgerechte medizinische Beratung und Behandlung. Weder Autorin noch Verlag können für etwaige Nachteile oder Schäden, die aus den im Buch gegebenen Hinweisen resultieren, eine Haftung übernehmen.

Umschlagfotos: fotolia.com
Bachblüten-Fotos: Christine Schumann; Seite 47 + 58: shutterstock.com
Weitere Fotos: Seite 11: Rudolf Nüttgens; Seite 96 + 118: Nicolin Meuer;
Seite 114 + 136: Sabrina Nagel; wo nicht anders angegeben: shutterstock.com
Lektorat: Anke Schenker
Satz, Lithografie und Herstellung: Robert B. Osten

Printed in EU
ISBN 978-3-95659-020-7
3. Auflage 2022

Dieses Buch erschien erstmalig im Jahr 1994 und liegt hier in einer vollständig überarbeiteten und erweiterten Neuauflage vor.

Besuchen Sie auch unsere Website: www.aurinia.de

Inhalt

Das vorliegende Buch entstand in Zusammenarbeit mit vielen Experten, die die Bachblütentherapie bei ihren Tieren anwenden oder in ihrer Tierpraxis einsetzen.

Für ihre aktive und engagierte Mitarbeit an diesem Buch danken wir insbesondere Frau Gisela Kraa (Blüten-Beschreibungen) sowie Frau Sylvia Esch und Frau Petra Stein, die uns ihre Erfahrungen aus der Tierheilpraxis zur Verfügung gestellt haben.

Für fachlichen Rat danken wir ferner Herrn Dr. med. vet. Herbert G. Oberlojer, Herrn Dr. med. vet. Eugen Schabel, Herrn Dr. med. vet. Christoph Schluep und Herrn Dr. med. vet. Josef Zihlmann. Wir danken Claudine Widmer für ihren Beitrag »Erfahrungen aus einer Bachblüten-Praxis für Pferde«.

Für die Redaktion und Überarbeitung dieser Auflage danken wir außerdem insbesondere Beate Wüpper, Institut für Bachblütentherapie, Hamburg.

1| Die Original Bachblütentherapie in Stichworten

Definition

Negative Gefühle und Gedanken sind ebenso wichtige und natürliche Bestandteile unseres Lebens wie die positiven. Manchmal aber beherrschen uns negative, disharmonische Seelenzustände, bewusst oder unbewusst, so stark, dass nicht nur unser Wohlbefinden darunter leidet und unsere persönliche Entfaltung blockiert ist, sondern sogar unser Immunsystem dadurch geschwächt wird.

Eine unkomplizierte, für jeden selbst anwendbare Möglichkeit, disharmonische Gemütszustände zu überwinden und seelische Blockaden aufzulösen, ist die von dem englischen Arzt Dr. Edward Bach (1886 – 1936) entwickelte Original Bachblütentherapie.

Edward Bachs Erfahrungen und Erkenntnisse

Edward Bach arbeitete zunächst in einer Londoner Klinik als Leiter der Unfallstation, dann als Bakteriologe und Immunologe. Seine Beobachtungen an Patienten und seine spätere Arbeit im »London Homoeopathic Hospital« formten in ihm zunehmend die Überzeugung, dass körperliche Erkrankungen ihren Ursprung in der menschlichen Seele haben.

Gesundheit und Krankheit

Krankheit ist nach Bach das Ergebnis des Konfliktes zwischen unserem menschlichen Selbst, d.h. unserer individuellen Persönlichkeit, und unserem unsterblichen Seelenanteil, der auch »höheres Selbst« oder innere Führung genannt wird.

Die Folgen solcher inneren Konflikte oder Disharmonien zeigen sich zunächst als sogenannte negative Seelenzustände – wie beispielsweise Unsicherheit, Angst, Ungeduld –, die jeder Mensch im Auf und Ab des Lebens kurzzeitig immer wieder erlebt. Dauern diese negativen Seelenzustände jedoch länger an, ohne dass man sich selbst daraus befreien kann, wird der seelische Energiefluss blockiert und schließlich auch der Körper in Mitleidenschaft gezogen.

Edward Bach sagt in seiner Schrift »Heile Dich selbst«:

Krankheit ist weder Grausamkeit noch Strafe, sondern einzig und allein ein Korrektiv, ein Werkzeug, dessen sich unsere Seele bedient, um uns auf unsere eigenen Fehler hinzuweisen, um uns vor größeren Irrtümern zurückzuhalten, um uns daran zu hindern, mehr Schaden anzurichten, und uns auf den Weg der Wahrheit und des Lichts zurückzubringen, von dem wir nie hätten abkommen sollen.

Edward Bachs therapeutisches Ziel

Bachs Vision als Forscher und Arzt war es, eine natürliche Behandlungsmethode zu finden, mit der man Krankheiten schon am Ursprung ihrer Entstehung, auf geistig-seelischer Ebene, heilen könnte. Um sich ganz dieser Aufgabe zu widmen, gab er 1930 seine erfolgreiche Praxis in der Londoner Harley Street auf und ging nach Wales, um in dem mystischen Land seiner Vorfahren Heilpflanzen mit entsprechenden Eigenschaften zu finden.

Die Seelenpflanzen

Im Zuge seiner Forschungen hatte Bach die 38 archetypischen negativen Seelenzustände der menschlichen Natur definiert. Er suchte und fand wild wachsende Pflanzen und Bäume, die diese negativen Seelenzustände (z. B. Angst) in ihre positive Ursprungsform (z. B. Mut) zurückführen können. Aus den Blüten dieser Pflanzen stellte er seine berühmten Bachblüten-Essenzen her.

Edward Bach war der Überzeugung:

> Bestimmte wild wachsende Blumen, Büsche und Bäume höherer Ordnung haben durch ihre hohe Frequenz die Kraft, unsere menschlichen Schwingungen zu erhöhen und unsere Kanäle für die Botschaften unseres spirituellen Selbst zu öffnen.

Die Bachblüten-Essenzen

Die 38 Bachblüten-Essenzen werden in individuell zusammengestellten Mischungen eingenommen. In einer Einnahmemischung werden ca. 6 – 7 verschiedene Essenzen kombiniert. *Die Auswahl orientiert sich immer am negativen Seelenzustand, der aktuell als belastend erlebt wird* – z. B. Skepsis. Aktuelle körperliche Zustände sollen bei der Auswahl der passenden Bachblüten nicht berücksichtigt werden.

Wirkung

Die Bachblütentherapie behandelt also körperliche Krankheiten nicht direkt, sondern nur die damit einhergehenden disharmonischen Seelenzustände. Die der Homöopathie ähnlichen Essenzen sind Träger der energetischen Informationen der Bachblüten-Pflanzen. Sie wirken nach dem Resonanzprinzip als Katalysatoren oder subtile Impulsgeber, die blockierte seelische Energien wieder in Fluss bringen, so die innere Harmonie wiederherstellen und dadurch auch die Selbstheilungskräfte reaktivieren.

Praktische Vorteile

Die Bachblütentherapie ist mit allen anderen Heilverfahren und schulmedizinischen Therapien gut kombinierbar. Sie verträgt sich mit allen Formen von Medikamenten und Behandlungen und ist nebenwirkungsfrei. Falsch ausgewählte Blüten ergeben keine Resonanz, wirken also gar nicht. Bachblüten können also nie schädlich wirken.

Anwendung für Fachleute und Laien

Edward Bachs Anliegen war es, dass seine Blütenmittel von medizinischen Fachkollegen zur Behandlung oder Mitbehandlung von Krankheiten eingesetzt werden. Aber ebenso hoffte er, dass sie zur Selbstanwendung und Gesundheitsvorsorge in jeder Hausapotheke ihren festen Platz finden würden. Tatsächlich werden die Bachblüten heute weltweit von Fachleuten und Laien erfolgreich angewendet. Seit vielen Jahren hat sich auch der Einsatz bei Tieren sehr bewährt.

Mechthild Scheffer, die Wegbereiterin

Mechthild Scheffer, die international anerkannte Expertin der Original Bachblütentherapie und Gründerin des Instituts für Bachblütentherapie, Forschung und Lehre in Hamburg, Wien und Zürich machte 1981 das Werk des englischen Arztes Dr. Edward Bach erstmals im deutschen Sprachraum bekannt. In mehr als 30 Jahren brachte sie die Original Bachblütentherapie auch international zu ihrer jetzigen eindrucksvollen Entfaltung.

2| Die Bachblütentherapie für Tiere

Edward Bach machte immer sehr deutlich, dass von seiner Entdeckung der Bachblüten alle Lebewesen Nutzen haben sollten. Es war also selbstverständlich, dass die Bachblüten-Entwicklung schon von Beginn an auch Tiere mit einbezog. Der mittlerweile jahrzehntelange Einsatz von Bachblüten bei Tieren zeigt, wie sehr sie ihnen helfen, belastende Situationen und Gefühle zu bewältigen und wieder zu ihrer wahren Natur – und Gesundheit – zu gelangen. Dies gilt für Hunde, Katzen, Pferde, aber auch für andere Tiere, die wir als Haustiere halten, wie Vögel oder Reptilien, Fische …

Man sagt, Tiere sind Seelenwesen und ihren Empfindungen und Gefühlen viel unmittelbarer ausgeliefert als der Mensch. Hier drängt sich die Frage auf, ob ein Tier also auch Schmerzen und Krankheiten in einem noch stärkeren Maße erleidet als ein Mensch.

Gerade bei Tieren, so bestätigt auch die tägliche Erfahrung vieler Tierärzte und Tierheilpraktiker, besteht ein sehr enger Zusammenhang zwischen seelischen Disharmonien und organischen Störungen. Der von Edward Bach formulierte Grundsatz »Behandle den Menschen, nicht die Krankheit« darf in seinem Sinne erweitert werden: »Behandle das Tier, nicht die Krankheit.«

Die Bachblüten helfen, negative Seelenzustände zu harmonisieren. In der Praxis hat es sich gezeigt, dass Tiere oft besonders rasch auf die positiven Impulse der passenden Bachblüten reagieren, sodass eine Harmonisierung häufig innerhalb kurzer Zeit erreicht ist. So kann z. B. ein scheues und ängstliches Tier mithilfe der Bachblüte *Mimulus* in wenigen Tagen seine Furchtsamkeit überwinden und Mut und Vertrauen entwickeln.

Die Therapiedauer ist deutlich kürzer als beim Menschen, die Harmonisierung hält meist an. Im Gegensatz zum Menschen hat das Tier allerdings nicht die Chance, bewusst an der Überwindung seiner negativen Seelenzustände mitzuarbeiten.

Zuchtbedingte »Charakterfehler« lassen sich mithilfe der Bachblüten nur begrenzt beeinflussen, oft nur während der Zeit der Verabreichung. Häufig erweisen sich entsprechende Verhaltensstörungen sogar als therapieresistent.

Tierbehandler und Tierhalter berichten über gute Erfolge mit Bachblüten, vor allem bei akuten psychischen Störungen (z. B. Ängste, Aggressivität), Verhaltensstörungen (z. B. Unsauberkeit, Eingliederungsprobleme), bei Notfällen aller Art und als seelische Unterstützung in schwierigen Situationen (z. B. Arztbesuch, Geburt). Wenn die Bachblütentherapie bei Tieren zur Mitbehandlung chronischer organischer Erkrankungen (z. B. chronischer Durchfall, Ekzeme oder Haarausfall) eingesetzt wird, sind die Erfolgsaussichten unterschiedlich.

Wer seinem Tier mit Bachblüten helfen möchte, sollte immer abklären, ob das veränderte Verhalten organische Ursachen hat. Die Bachblütentherapie will und kann eine notwendige ärztliche oder tierärztliche Behandlung nicht ersetzen.

Zeigt ein Tier scheinbar unerklärliche seelische Verhaltensänderungen, kann die Beobachtung seines Umfelds häufig Aufschluss über die Ursache der Störungen geben. Ein Haustier steht in vielfältigen Beziehungen zu seiner Umgebung, dem Tierhalter, anderen Familienmitgliedern, anderen Tieren usw. Oft spiegelt sein Verhalten Konflikte wider, die sich gerade in seiner unmittelbaren Umwelt abspielen, z. B. Partnerschaftsprobleme in der Familie, Kummer des Besitzers. Was der Tierhalter als Untugend empfinden mag, kann ein seelischer Hilfeschrei des Tieres sein, das sich nicht anders zu äußern vermag. Dieses lässt sich aber kaum dauerhaft korrigieren, wenn sich die verursachenden Faktoren nicht verändern.

Erfahrene Tierbehandler versuchen daher immer, ein genaues Bild vom Umfeld des Tieres zu gewinnen. Besonders wichtig ist das Verhältnis zwischen Tier und Bezugsperson. Ähnlich wie in der Beziehung von Mutter und Kind entsteht eine Art gemeinsames Energiefeld, das sehr sensibel auf Veränderungen reagiert. Daher lassen sich chronische Störungen beim Tier mithilfe von Bachblüten oft nur dann dauerhaft positiv beeinflussen, wenn sich gleichzeitig auch der Tierhalter einer Bachblütentherapie unterzieht.

Wie der Alltag in manch einer Tierheilpraxis deutlich macht, sind sich die Menschen ihrer Verantwortung gegenüber den Tieren nicht immer bewusst. Was eigentlich selbstverständlich sein sollte – z. B. eine artgerechte Tierhaltung und Versorgung –, wird oft aus Unwissenheit, Nachlässigkeit oder vermeintlicher Tierliebe missachtet. Jeder Haustierhalter sollte als Erstes sicherstellen, dass das Tier seiner Art entsprechend möglichst natürliche Lebensbedingungen (ausreichend Auslauf, ausgewogene Ernährung usw.) erhält. Wer hier unsicher ist, sollte sich einschlägig beraten lassen. Mit den Bachblüten können keine Schäden behoben werden, die durch eine nicht artgerechte Haltung entstanden sind.

Verantwortungsbewusste Tierhalter achten auch penibel darauf, ihr Tier bei Sport und Arbeit nicht zu überfordern. So verhindern sie, dass das Tier zunächst mit seelischer Unausgeglichenheit, später vielleicht sogar mit einer körperlichen Krankheit reagiert. Bachblüten sollten nicht in dem falschen Ehrgeiz verabreicht werden, die Leistungsfähigkeit und Belastbarkeit eines Tieres zu steigern. Vielmehr will die Bachblütentherapie dazu beitragen, das Dasein der Tiere in der heutigen Zeit harmonischer, »tierwürdiger« und damit lebenswerter zu machen.

Grenzen der Original Bachblütentherapie bei Tieren

- Bei organischen Beschwerden sollte ein Tierarzt Ihr erster Ansprechpartner sein, bevor Sie die Bachblüten einsetzen. Die Bachblüten können eine fachgerechte medizinische Behandlung nicht ersetzen.
- Zuchtbedingte Eigenarten eines Tieres lassen sich durch Bachblüten nicht nachhaltig verändern.
- Mit Bachblüten können keine Schäden behoben werden, die durch falsche Haltung und Versorgung entstanden sind, wenn diese nicht auch gleichzeitig artgerecht verändert werden.

3| Übersicht über das Bachblüten-System für Tiere

Alle 38 Bachblüten von *Agrimony* bis *Willow*

Diese Übersicht wurde aus Beobachtungen und langjährigen Erfahrungen von Tierärzten und Tierbesitzern zusammengestellt. Sie erhebt keinen Anspruch auf Vollständigkeit.

Die ausführlichste allgemeine Beschreibung der 38 Bachblüten-Zustände finden Sie in dem Standardwerk von Mechthild Scheffer »Die Original Bachblütentherapie. Das gesamte theoretische und praktische Bachblüten-Wissen«.

Eine Kurzübersicht über die Hauptmerkmale der 38 Original Bachblüten beim Menschen finden Sie in diesem Buch in Kapitel 9 auf Seite 130.

1| Agrimony

Kleiner Odermennig

Für sehr gesellige, friedliche Tiere, die auf den ersten Blick immer fröhlich wirken. Trotz Krankheit lassen sie sich leicht zu Aktivitäten motivieren.

Solchen Tieren gehen Ruhe und Frieden über alles, durch Disharmonien geraten sie leicht in Bedrängnis. Ihre innere Ruhelosigkeit versuchen sie zu überspielen.

Erst wenn man genauer beobachtet, bemerkt man, dass die Katze etwas lauter schnurrt oder dass der Hund um eine Spur zu fröhlich und aufgedreht wirkt.

Rinder und Pferde sind innerhalb der Herde ständig in Bewegung. Der Augenausdruck ist unruhig. Bei Krankheit zeigen die Tiere einen erhöhten Bewegungsdrang.

2| Aspen

Espe oder Zitterpappel

Für schreckhafte, oft sensible Tiere mit ängstlichem Verhalten. Vage Ängstlichkeit, deren Grund häufig schwer zu bestimmen ist.

Das Tier reagiert ängstlich, wenn es allein gelassen wird, und fürchtet sich bei Dunkelheit.

Der Schlaf ist unruhig und häufig unterbrochen.

Hunde zittern vor Angst, sie heulen und jaulen fast ständig.

Katzen schreien unaufhörlich, Pferde und Rinder zittern und scheuen vor Angst.

Bestimmte Orte werden aus Angst gemieden.

3| Beech

Rotbuche

Diese Tiere lehnen ihre Artgenossen ab, verhalten sich intolerant und häufig aggressiv.

Tiere können Kritik nicht aussprechen und gebärden sich daher im *Beech*-Zustand oft kampfwütig oder zeigen aggressive Protestreaktionen. Der Artgenosse gilt als Feind und wird ohne abzuwarten angegriffen.

Mögliche Symptome sind Beißen, Kratzen, Fellbeißen, Federrupfen, Unsauberkeit, manchmal auch Protest- und aggressives Verhalten gegenüber Menschen.

Pferde und Rinder isolieren sich von der Herde. Wer sich zu nah heranwagt, wird attackiert.

4| Centaury

Tausendgüldenkraut

Für willensschwache, äußerst gutmütige Tiere, meist überbrav und übertrieben lernwillig, die sich von Menschen regelrecht ausnutzen lassen.

Das Tier ist passiv und schwach, es zeigt Überreaktionen auf die Wünsche seiner Artgenossen und lässt sich alles gefallen.

Wenn es von anderen Tieren angegriffen wird, unterwirft es sich sofort. Es lässt sich vom Futter wegdrängen. Oft wirkt die Körperhaltung unterwürfig.

Hunde und Pferde lassen sich im Sport leicht überfordern, Arbeitspferde lassen sich bis zur totalen Erschöpfung immer wieder antreiben.

Häufig anfällig für Infektionserkrankungen, Verletzungen und Parasitenbefall.

5| Cerato

Chinesisches Hornkraut

Diese Tiere zeigen auffällig unsicheres Verhalten, wirken meist unentschlossen, gehemmt und zögernd.

Das Tier ist unsicher im Umgang mit Artgenossen, ahmt das Verhalten anderer Tiere nach oder ordnet sich ihnen unter.

Es zeigt kaum Eigeninitiative und gehorcht wahllos jedem Menschen, nicht nur seiner Bezugsperson.

Bewährt bei Tieren, die zu früh von der Mutter getrennt wurden. Auch für Vögel, die aus dem Nest gefallen sind.

6| Cherry Plum

Kirschpflaume

Diese Tiere scheinen unter großem inneren Druck zu stehen und neigen zu plötzlichen Temperamentsausbrüchen.

Das Tier wirkt sprunghaft, oft sogar zwanghaft in seinem Verhalten (z. B. ständiges Hin-und-her-Laufen).

Meist unterdrückte Angst, die sich in Form von heftigen aggressiven anfallartigen Ausbrüchen äußert (z. B. Angstbeißer).

Das Tier lässt sich nicht mehr ansprechen, »dreht durch«, ist in diesem Zustand gefährlich für Artgenossen und Bezugspersonen, greift erbarmungslos an.

Seltener als Einzelblüte, häufiger in der *Notfallmischung* angezeigt.

7| Chestnut Bud

Knospe der Rosskastanie

Diese Tiere machen immer wieder die gleichen Fehler. Sie sind anscheinend nicht fähig, aus ihren Erfahrungen zu lernen.

Häufig wirken solche Tiere ruhelos und unaufmerksam, sie sind eher ungelehrig.

Pferde scheuen immer wieder vor dem gleichen Hindernis, Hunde »vergessen« eine bestimmte Lektion, Rinder schlagen immer wieder beim Melken aus.

Manchmal auch von periodisch auftretenden körperlichen Krankheiten begleitet, z. B. Muskelkrämpfe, Pferdehusten, Atemwegserkrankungen bei Perserkatzen.

8| Chicory

Wegwarte

Diese Tiere wollen ständig im Mittelpunkt stehen. Sie erwarten von ihrer Umgebung volle Zuwendung und reagieren mit Protest, wenn sie diese nicht bekommen.

Das Tier verhält sich übertrieben fordernd und aufdringlich. Es versucht mit Lauten, durch ständiges Schlecken usw. auf sich aufmerksam zu machen (z. B. »Kläffer«).

Besonders empfindlich gegen Zurückweisungen, bei Krankheit wehleidig und zu Übertreibung neigend.

Tiermütter, die ihre Jungen überfürsorglich bewachen. Häufig bei Kleinhunden angezeigt.

9| Clematis

Weiße Waldrebe

Für teilnahmslos und verträumt wirkende Tiere, die wenig Aufmerksamkeit für ihre Umwelt zeigen.

Diese Tiere wirken oft wie abwesend, kommen nicht, wenn man sie ruft. Sie sind desinteressiert, antriebsarm und lassen sich kaum zu Aktivitäten motivieren.

Ihr Blick scheint aus weiter Ferne zu kommen, sie bewegen sich langsam und träge, schlafen oder dösen auffallend viel.

Häufig Lernprobleme aufgrund von »Abwesenheit«, z.B. Hunde und Pferde, die sich beim Sport nicht konzentrieren können.

Oft kalte Ohren und Füße. Schwacher Selbsterhaltungstrieb, bei Krankheit oft völlig apathisch.

10| Crab Apple

Holzapfel

Diese Tiere zeigen übertriebenes Putz- und Reinlichkeitsverhalten, sie scheinen sich beschmutzt zu fühlen, wirken häufig unruhig.

Wie unter Zwang putzt, leckt, kratzt und scheuert sich das Tier fast ununterbrochen. Abgestandenes Futter wird abgelehnt.

Hunde beginnen sich nach Katzenmanier zu putzen.

Katzen meiden eine bereits benutzte Toilette.

Pferde und Rinder scheuern sich auffallend oft an Bäumen.

Häufig Neigung zu Parasitenbefall, Pilz- und anderen Hauterkrankungen. Unbedingt abklären, ob Erkrankung vorliegt.

Bewährt für die Nachbehandlung von Vergiftungen.

11| Elm

Ulme

Diese Tiere scheinen sich überfordert zu fühlen, sie wirken plötzlich niedergeschlagen und erschöpft.

Tiere, die normalerweise kräftig, leistungswillig und zuverlässig sind, scheinen den Anforderungen auf einmal nicht mehr gewachsen zu sein.

Bei vertrauten Übungen verhalten sie sich nervös oder zeigen rasche Ermüdung.

Sportpferde verweigern plötzlich leichte Hindernisse, Arbeitspferde erscheinen kraftlos.

Gelehrige Hunde »vergessen« die einfachsten Lektionen, lebhafte Katzen sitzen lustlos herum.

Vor Verabreichung unbedingt prüfen, ob das Tier nicht tatsächlich überfordert wird!

12| Gentian

Bitterer Fransenenzian

Für misstrauische, scheinbar negativ gestimmte Tiere, die sich leicht entmutigen lassen.

Das Tier wirkt häufig übervorsichtig, geht an neue Situationen zögernd heran oder zieht sich sofort zurück.

Bei Berührung oder Füttern aus der Hand weicht das Tier zurück. Nach dem geringsten Tadel verkriecht es sich.

Es fehlt das Vertrauen zu Artgenossen, zu der Bezugsperson oder zum Menschen überhaupt.

Laut Behandlern häufig angezeigt bei Besitzerwechsel oder Partnerverlust. Ursache des Misstrauens beachten (evtl. mit *Star of Bethlehem* behandeln).

13| Gorse

Stechginster

Für Tiere, die kraftlos, müde und resigniert wirken und keine Antriebskraft mehr zeigen.

Das Tier macht einen apathischen, freudlosen Eindruck, lässt sich nur nach langem Bitten und Drängen zu Aktivitäten motivieren.

Katzen putzen sich nicht mehr, Hunde wollen nicht mehr vor die Tür gehen, Pferde beginnen zu weben oder zu koppen.

Diese Tiere haben oft eine lange Leidensgeschichte hinter sich. Der Augenausdruck ist müde bis stumpf, das Futter wird verweigert oder die Tiere werden unsauber.

Bewährt bei chronischen Erkrankungen. Laut Behandlern selten als Einzelblüte, häufig kombiniert mit *Olive, Hornbeam* oder *Wild Rose.*

14| Heather

Heidekraut

Für selbstbezogene, überanhängliche Tiere, die ständig versuchen, sich in den Mittelpunkt zu drängen.

Das Tier sucht unaufhörlich die Nähe anderer Tiere, seiner Bezugsperson oder fremder Menschen und ist dabei nicht wählerisch.

Durch Laute, Anstoßen, Kratzen usw. versucht es immer wieder, sich überall Aufmerksamkeit zu verschaffen. Lässt man es allein, reagiert es häufig mit Protestaktionen.

Katzen fordern ihre Bezugsperson auf, sich mit ihnen zu beschäftigen, »behindern« deren Aktivitäten und suchen auffallend viel körperlichen Kontakt.

Laut Behandlern die typische Blüte für Klein- und Schoßhunde. Wird häufig zusammen mit *Chicory* verabreicht.

15| Holly

Stechpalme

Für eifersüchtige, irritierte Tiere, die sich auffällig feindselig und aggressiv verhalten.

Das Tier zeigt häufig Wut und Aggressionen, allerdings nicht wahllos (vgl. *Beech)*, sondern meist auf ein bestimmtes Tier oder einen bestimmten Menschen gerichtet.

Häufig werden Angriffs- oder Trotzreaktionen durch Eifersucht ausgelöst, das Tier will die Zuwendung der Bezugsperson nicht teilen bzw. verlieren (z. B. Eifersucht auf Baby oder Partner der Bezugsperson oder ein anderes Tier).

Laut Behandlern grundsätzlich eine wichtige Blüte für Tiere.

16| Honeysuckle

Geißblatt, Jelängerjelieber

Für Tiere, die kein Interesse am gegenwärtigen Geschehen zeigen und sich schwer von vergangenen Situationen lösen können.

Solche Tiere haben große Probleme, sich nach einem Besitzer- oder Ortswechsel an die neue Umgebung zu gewöhnen. Sie können den Verlust vertrauter Menschen oder Tier-Kameraden nicht verkraften, sitzen oder liegen traurig da und starren oft auf einen Punkt. Ihrer neuen Umgebung schenken sie so gut wie keine Beachtung. Sie verweigern jegliche Nahrung, auch angebotene Leckerbissen werden abgelehnt.

Katzen jammern und verkriechen sich in dunkle Ecken. Hunde heulen fast ständig. Pferde und Rinder entfernen sich von der Herde.

17| Hornbeam

Weißbuche oder Hainbuche

Diese Tiere wirken müde und erschlafft, als ob sie zu schwach wären, ihre Aufgaben zu bewältigen.

Das Tier scheint wenig lebhaft, eher unmotiviert und lässt sich nur mit Mühe zu Aktivitäten bewegen. Bei körperlich normal entwickelten Jungtieren fehlen Energie und Spannkraft. Erwachsene Tiere wirken bei ersten Krankheitsanzeichen bereits erschöpft und erholen sich nur langsam.

Kleine Rassehunde wollen nicht fressen.

Häufig Neigung zu Bindegewebsschwächen, geröteten Augen.

Laut Behandlern angezeigt zur Nachbehandlung von Krankheiten. Oft auch bei Sporttieren verordnet. Vor Verabreichung unbedingt überprüfen, ob das Tier nicht tatsächlich überfordert wird.

18| Impatiens

Drüsentragendes Springkraut

Diese Tiere wirken ungeduldig, hektisch, leicht gereizt und neigen zu überschießenden Reaktionen.

Das Tier scheint ständig unter Spannung zu stehen, kann nicht abwarten und drängt nach vorne. Dabei schlägt die Ungeduld rasch in Aggression um.

Sportpferde drängen auf den Reitplatz. Arbeitspferde rennen los, ohne das Kommando abzuwarten. Rinder drängen an die Spitze der Herde und stoßen langsamere Tiere zur Seite.

Aufgrund ihrer inneren Anspannung ermüden solche Tiere leicht, es kann zu Erschöpfungszuständen kommen.

Behandler empfehlen, hier auch die Haltungsbedingungen und die Schilddrüsenfunktion zu überprüfen.

19| Larch

Lärche

Diese Tiere haben wenig Selbstvertrauen, sie erwecken den Eindruck, als ob sie sich minderwertig fühlen.

Das Tier ist seinen Artgenossen unterlegen. Wird es angegriffen, zieht es sich sofort zurück.

Neuen Situationen oder Aufgaben tritt es zögernd oder passiv entgegen. Bei der Fütterung bleibt es im Hintergrund und begnügt sich mit den Resten.

Pferde und Rinder sondern sich von der Herde ab, lassen den Kopf hängen. Hunde laufen mit gesenktem Kopf und hängender Rute umher. Katzen nehmen mitunter eine geduckte Haltung ein.

Zur Stärkung des Selbstvertrauens häufig mit *Centaury* angezeigt.

20| Mimulus

Gefleckte Gauklerblume

Für scheue, furchtsame Tiere, die häufig überempfindlich reagieren oder Angst vor bestimmten Situationen zeigen.

Das Tier verhält sich zurückhaltend, nervös und ängstlich. Es scheint sich vor Artgenossen, anderen Tieren, Menschen oder einer bestimmten Situation (z. B. dem Fahrstuhl) zu fürchten. Häufig reagiert es überempfindlich auf äußere Reize wie Geräusche, helles Licht oder Gewitter. Verkriecht sich verängstigt in dunkle Ecken oder sucht Schutz bei der Bezugsperson.

Während der Genesung sind solche Tiere übervorsichtig.

Bewährt bei Pferden, z. B. vor Transporten oder Hufbeschlag.

21| Mustard

Ackersenf

Für Tiere, die ohne erkennbare Ursache plötzlich traurig und niedergeschlagen wirken.

Das Tier starrt z.B. seit einigen Tagen apathisch vor sich hin, scheint seine Umgebung kaum noch wahrzunehmen. Es zeigt kein Interesse mehr an Dingen, die ihm sonst Freude bereiten, und lässt sich nicht mehr motivieren.

Periodisch auftretende Antriebsschwäche und Niedergeschlagenheit. Hundebesitzer fürchten, dass ihr Hund vergiftet worden sei.

Unbedingt nach möglichen Ursachen forschen. Nach Erfahrungen von Behandlern häufig zusammen mit *Star of Bethlehem* angezeigt.

22| Oak

Eiche

Für pflichtbewusste, ausdauernde Tiere, die dazu neigen, sich zu überarbeiten und trotz Erschöpfung nicht aufzugeben.

Das Tier wirkt erschöpft, überwindet sich aber immer wieder, um die ihm gestellten Aufgaben zu bewältigen. Es kämpft zäh gegen alle Widerstände an und zeigt selbst in ausweglosen Situationen noch Aktivität.

Angestrengtes Bemühen und innere Anspannung sind deutlich sichtbar. Gefahr der Überforderung bis zur totalen Erschöpfung – häufig bei Blindenhunden, Arbeitspferden und Sporttieren.

Behandler raten, sorgfältig darauf zu achten, dass man das Tier nicht überfordert.

23| Olive

Olive

Diese Tiere wirken völlig erschöpft und energielos.

Das Tier ist so müde und kraftlos, dass es zu keinerlei Aktivitäten zu bewegen ist.

Oft erhöhtes Schlafbedürfnis. Diesem Zustand ist meist eine dauerhafte Überforderung oder eine lange, schwere Krankheit vorausgegangen.

Häufig bei alten Tieren. Von Behandlern auch als Rekonvaleszenzmittel eingesetzt.

24| Pine

Kiefer

Für mutlos und bedrückt wirkende Tiere, die besonders empfindlich auf Tadel reagieren.

Die Körperhaltung solcher Tiere ist ängstlich und geduckt, bisweilen sogar unterwürfig.

Man hat den Eindruck, dass sie jederzeit erwarten, bestraft zu werden. Sie scheinen ständig ein schlechtes Gewissen zu haben, verkriechen sich schuldbewusst, sobald sie etwas angestellt haben, und reagieren äußerst sensibel, wenn die Bezugsperson mit ihnen schimpft.

Meist genügt ein strafender Blick, und das Tier zieht sich sofort zurück oder zuckt zusammen.

Durch sein mutloses, unterwürfiges Verhalten wirkt das Tier häufig feige und ist daher Artgenossen von vornherein unterlegen.

25| Red Chestnut

Rote Kastanie

Für Tiere, die sich einer bestimmten Person oder einem bestimmten Tier besonders eng verbunden fühlen und ein übertriebenes Beschützerverhalten zeigen.

Bei Abwesenheit der Bezugsperson oder des Tierkameraden reagieren diese Tiere mit Aufregung und Unruhe. Sie laufen suchend und ziellos umher und geben klagende Laute von sich oder verweigern das Futter.

Sie lassen niemanden an ihre Bezugsperson heran und greifen sogar an, um sie zu beschützen.

Für Tiermütter, die gerade geworfen haben und sich übermäßig um ihren Wurf sorgen. Bewährt bei Scheinschwangerschaft kastrierter Katzen. Nicht zu verwechseln mit Eifersucht *(Holly)*.

26| Rock Rose

Gelbes Sonnenröschen

Für Tiere, die leicht in innere Panik geraten oder von schweren Angstgefühlen überwältigt sind.

Das Tier scheint vor Angst wie von Sinnen, nimmt die Umwelt kaum noch wahr und ist unfähig, richtig zu reagieren.

Entweder scheint es vor Angst wie gelähmt zu sein oder es stürmt in wilder Panik davon.

Bei schweren akuten Angstzuständen (z. B. Gewitterangst) und in lebensbedrohlichen Situationen.

27| Rock Water

Wasser aus heilkräftigen Quellen

Für disziplinierte, starr wirkende Tiere, die dazu neigen, ihre natürlichen Bedürfnisse zu unterdrücken.

Die Körperhaltung des Tieres erscheint angespannt, die Bewegungen sind steif und ungelenk.

Das Tier hat ausgeprägte Gewohnheiten und reagiert unflexibel auf Veränderungen.

Die innere Starrheit führt zu Stresserscheinungen im Körper. Oft glanzloses, struppiges Fell.

Weibliche Tiere zeigen nur schwache Brunsterscheinungen, lassen sich schwer decken und werden nur schwer trächtig.

Häufig bewährt bei Gelenksteife und arthritischen Erkrankungen.

28| Scleranthus

Einjähriger Knäuel

Für unschlüssig, unausgeglichen und hektisch wirkende Tiere, deren Stimmung und Verhalten von einem Moment zum anderen wechseln.

Das Tier neigt zu extremen Stimmungsschwankungen, hat wenig Ausdauer und kann sich nur schwer konzentrieren.

Die fehlende innere Ausgeglichenheit zeigt sich häufig auch körperlich, z. B. wechselnder Appetit, Gleichgewichtsstörungen, schwankende Körpertemperatur.

Wechsel zwischen Durchfall und Verstopfung.

Laut Behandlern auch angezeigt bei Wetterfühligkeit, Reiseübelkeit, einseitigen körperlichen Beschwerden und zuchtbedingter Unausgeglichenheit.

29| Star of Bethlehem

Doldiger Milchstern

Für Tiere, die eine körperliche oder seelische Erschütterung noch nicht verkraftet haben.

Das Tier wirkt nach einem Schockerlebnis (z. B. Besitzerwechsel, Umzug, Unfall) bedrückt, traurig und wie betäubt.

Das traumatische Ereignis kann auch weit zurückliegen, wurde aber nicht verarbeitet, sodass es das Verhalten des Tieres weiter beeinflusst.

Dieser Zustand ist vom Tierhalter oft nur schwer zu erkennen.

Bei Hunden und Katzen kommt es manchmal zu plötzlicher Unsauberkeit.

Für Heimtiere und Tiere, die sich verlassen und ungeliebt fühlen. Der Seelentröster.

30| Sweet Chestnut

Esskastanie oder Edelkastanie

Für Tiere, die sich anscheinend in einem Zustand innerer Ausweglosigkeit und extremer Belastung befinden.

Das Tier macht einen verlorenen, erschöpften Eindruck – häufig als Reaktion auf eine belastende Situation.

Kein Interesse an der gewohnten Umgebung, das Tier isoliert sich und zieht sich zurück.

Angezeigt bei stark einengenden Haltungsbedingungen oder schweren Erkrankungen.

Behandler empfehlen zu überprüfen, ob das Tier zu großen Belastungen ausgesetzt ist. Ggf. die Anforderungen verringern bzw. die Haltungsbedingungen verbessern.

31| Vervain

Eisenkraut

Für überaktive, begeisterungsfähige Tiere, die in ihrem Eifer Raubbau an ihren Kräften treiben.

Das Tier strahlt eine hohe Energie und Intensität aus, sein Verhalten ist sehr zielgerichtet.

Der willensstarke Anführer einer Herde, der versucht andere mitzureißen und aggressiv reagiert, wenn das nicht gelingt.

Neigung zu Hyperaktivität und Übertreibung, überfordert sich selbst, schläft wenig, Spannungszustände.

Bewährt bei leistungsstarken Sporttieren. Behandler empfehlen, mögliche Ursachen der Überaktivität zu prüfen (Konstitution, Stoffwechsel, Schilddrüse).

32| Vine

Weinrebe

Für zu ehrgeizige, dominante Tiere, die versuchen andere Tiere oder auch Menschen zu tyrannisieren.

Die Körpersprache des Tieres drückt Stolz und Überlegenheit sowie eine starke innere Anspannung aus.

Es gebärdet sich herrschsüchtig gegenüber Artgenossen und Menschen. In seiner Umgebung – ob Herde, Rudel oder Haus – versucht es sofort die Stellung als Leittier zu übernehmen.

Es lässt sich nur schwer unterrichten, verweigert den Gehorsam, wirkt oft fordernd und aufdringlich.

Der »kleine Tyrann«, der die ganze Familie beherrscht. Laut Behandlern häufig mit *Heather* oder *Holly* angezeigt.

33| Walnut

Walnuss

Für verunsichert und desorientiert wirkende Tiere, die durch Veränderungen in ihrer Umgebung irritiert sind.

Das Tier reagiert labil auf wechselnde Lebensumstände, oft sogar mit Untugenden oder Krankheit. Typischer Zustand bei Umzug oder Wechsel der Bezugsperson, auch bei Familienzuwachs (Kind oder zweites Tier), Reisen oder Jahreszeitenwechsel.

Häufig auch als Reaktion zu Beginn einer Trächtigkeit, nach einer Geburt oder Kastration zu beobachten.

Die Blüte für den Neubeginn. Ermöglicht die innere Umstellung bei äußeren Veränderungen aller Art.

Von Behandlern empfohlen für Neugeborene und als Sterbehilfe. Erleichtert den Übergang.

34| Water Violet

Sumpfwasserfeder

Für stolz und zurückhaltend wirkende Tiere, die sich reserviert verhalten und sich von anderen Tieren, aber auch von Menschen isolieren.

Die Körperhaltung solcher Tiere signalisiert Stolz und Unnahbarkeit.

Typische Einzelgänger, die sich gern zurückziehen und auch bei Krankheit allein gelassen werden wollen. Sie meiden den Kontakt mit Artgenossen und Menschen. Berührungen oder Körperpflege durch Tier und Mensch lassen sie nur widerwillig über sich ergehen.

Katzen bevorzugen eine erhöhte Position in der Wohnung. Pferde und Rinder sondern sich von der Herde ab.

Behandler beobachten diesen Zustand auch häufig bei vernachlässigten, unter Einsamkeit leidenden Tieren.

35| White Chestnut

Rosskastanie oder Weiße Kastanie

Für unausgeglichen und unruhig wirkende Tiere, die unter mentaler Spannung zu stehen scheinen.

Das Tier kann sich nur schwer auf eine gestellte Aufgabe konzentrieren, wirkt unaufmerksam, dabei angespannt und leicht abwesend. Oft reagiert es auf Ermahnung oder Strafe nachtragend und beleidigt.

Für Tiere, die innerlich so sehr mit einer Sache beschäftigt sind, dass sie auf Ansprache nur schwer reagieren und Anweisungen oft gar nicht wahrzunehmen scheinen.

Als Symptom kann auch nächtliches Zähneknirschen auftreten.

36| Wild Oat

Waldtrespe

Für unzufrieden und gelangweilt wirkende Tiere, denen es an Ausdauer fehlt.

Häufig intelligente, lernfähige und vielseitig begabte Tiere, die aber rasch das Interesse verlieren. Neuen Reizen folgen sie eifrig, zeigen aber bald Langeweile und Unzufriedenheit.

Im Umgang mit Artgenossen finden sie wenig Anschluss, da sie sich desinteressiert verhalten. Beim Spiel oder bei der Dressur zunächst aufnahmefähig und begeistert, dann rasch unkonzentriert und gleichgültig.

Möglicherweise auch Neigung zu Ersatzhandlungen, Zerstörungstrieb, Autoaggression.

Behandler raten dringend, zunächst die möglichen Ursachen dieses Verhaltens abzuklären.

37| Wild Rose

Hundsrose

Für Tiere, die völlig teilnahmslos und apathisch wirken und kein Interesse mehr am Leben zeigen.

Die Körperhaltung des Tieres drückt Resignation und Selbstaufgabe aus. Es bewegt sich kaum, blickt stumpf und leer vor sich hin, wirkt schlaff und energielos.

Es lässt sich zu keinerlei Aktivitäten motivieren. Wo früher Lebensfreude und Vitalität waren, ist jetzt nur noch Apathie.

Behandler raten, nach den möglichen Ursachen für diesen Zustand zu forschen (z. B. Krankheit, einengende Haltungsbedingungen).

Manche Behandler setzen diese Blüte ein, um zu überprüfen, ob das Tier noch Lebenswillen hat.

38| Willow

Gelbe Weide

Diese Tiere wirken negativ gestimmt und schlecht gelaunt, sie scheinen ständig vor sich hin zu grollen.

Das Tier scheint sich – berechtigt oder unberechtigt – als Opfer einer Situation zu fühlen und reagiert mit Groll und schlechter Laune.

Hunde knurren ständig vor sich hin. Katzen fauchen bei jeder Gelegenheit. Rinder und Pferde scharren missmutig auf dem Boden herum.

Dieser Zustand wird häufig bei Heimtieren und misshandelten Tieren beobachtet, auch als Reaktion auf Vernachlässigung durch den Tierhalter.

Behandler raten, besonders sorgfältig auf die artgerechte Haltung des Tieres zu achten.

4| Die Notfallmischung

Edward Bachs Notfallmischung ist das bewährte Kombinationsmittel aus fünf Bachblüten-Konzentraten, das seit Jahrzehnten in vielen kleineren und größeren Notfallsituationen besonders auch bei Tieren mit großem Erfolg als Erste Hilfe angewendet wird. Oft wurden schon nach alleiniger Gabe dieses Mittels bei Tieren erstaunliche Selbstheilungsprozesse beobachtet.

Die Notfallmischung besteht aus folgenden Bachblüten-Konzentraten:

Star of Bethlehem	gegen Schock und Betäubung
Rock Rose	gegen Terror- und Panikgefühle
Impatiens	gegen Stress und Spannung
Cherry Plum	gegen Kontrollverlust und plötzliche Gefühlsausbrüche
Clematis	gegen die Tendenz »abzutreten«, in die Bewusstlosigkeit abzugleiten

Die Notfallmischung ersetzt nicht die notwendige ärztliche oder tierärztliche Behandlung, sie hilft aber, einen erlittenen »energetischen Schock« auf feinstofflicher Ebene sofort aufzulösen. Somit können die Selbstheilungskräfte des Körpers reaktiviert und der Gesundungsprozess wesentlich gefördert werden. Schwerwiegendere Folgen eines Schocks oder bleibende körperliche Schäden werden durch rechtzeitige Gaben des Mittels häufig verhindert.

Mit Schock – nicht im medizinischen Sinn gebraucht – sind grundsätzlich alle Situationen gemeint, die für das Tier mit großem

Stress, plötzlicher Aufregung und/oder großen Schmerzen verbunden sind. Das kann z. B. ein Unfall sein, eine Rauferei mit Artgenossen, ein bevorstehender Wettkampf, eine Ausstellung oder ein Besuch beim Tierarzt.

Das Notfallmittel hat gerade bei Tieren ein breites Anwendungsspektrum und trägt bei *akuten* seelischen Störungen rasch zur Harmonisierung bei. Behandler empfehlen daher Tierhaltern, es immer griffbereit in der Hausapotheke zu haben bzw. beim Spaziergang, beim Sport oder bei der Arbeit mit Tieren für etwaige akute Situationen bei sich zu tragen.

Die Dosierung der *Notfalltropfen* richtet sich individuell nach Fall und Situation. Als Orientierung können die üblichen Dosierungsempfehlungen dienen. Bei der Zubereitung für eine Einnahmeflasche werden die Notfalltropfen aus der Konzentrat-Flasche doppelt dosiert, d. h., auf 30 ml Flüssigkeit gibt man 6 Tropfen aus der Konzentrat-Flasche. Soll das Notfallmittel mit anderen Bachblüten-Konzentraten kombiniert werden, so zählt es als ein Mittel.

Da es ein Mittel für Notfälle ist, wird es meist in kurzen Abständen – 10 bis 15 Minuten – wiederholt verabreicht, bis sich der Zustand des Tieres normalisiert hat. Falls das Tier bewusstlos ist, träufelt man die Tropfen vorsichtig auf Zunge oder Zahnfleisch.

Bei Bedarf können die Notfalltropfen auch unverdünnt direkt aus der Konzentrat-Flasche verabreicht werden. Eine Verdünnung in Wasser ist aber vorzuziehen.

Anwendungsbeispiele aus der Tierbehandler-Praxis

- Vor und nach einer Operation verabreicht hilft das Notfallmittel dem Tier, den Eingriff besser zu verkraften und die Folgen der Narkose rascher zu überwinden.

- Bei Unfällen sollte das Notfallmittel immer verabreicht werden, da man davon ausgehen kann, dass das Tier zumindest einen starken Schreck erlitten hat. Schwereren Nachwirkungen kann so vorgebeugt werden.

- Bei Verdacht auf Vergiftung verabreicht man das Notfallmittel (eventuell zusätzlich *Crab Apple*), bis der Tierarzt eintrifft. Häufig können so schlimme Folgen abgewendet werden.

- Tieren, die bei Autofahrten ängstlich und nervös sind, gibt man das Notfallmittel vor Fahrtantritt und ggf. während der Fahrt.

- Tieren, die mit Unruhe und Panik auf den Besuch beim Tierarzt reagieren, kann man die unangenehme Situation mit einer rechtzeitigen Gabe des Notfallmittels erleichtern.

- Das Notfallmittel kann auch als Geburtshilfe angewendet werden. Sobald die Wehen einsetzen, gibt man dem Muttertier in viertelstündlichen Abständen die Tropfen aus der Einnahmeflasche. Die Mutter wird die Geburt ruhiger und gelassener überstehen, und die Atmung der Neugeborenen setzt schneller und kräftiger ein.

- Neugeborenen kann man mit dem Notfallmittel den Eintritt in die Welt erleichtern, z. B. wenn Atmungsprobleme auftreten. Schwächlich wirkende Jungtiere bekommen während der ersten Lebenstage eine Kombination aus den *Notfalltropfen, Hornbeam, Olive* und *Walnut.*

- Das Notfallmittel hat sich bei Tieren auch als Sterbehilfe bewährt. Mit Walnut kombiniert erleichtert es den Übergang und ermöglicht dem Tier, ruhig und friedlich einzuschlafen.

Das Notfallmittel gibt es – mit *Crab Apple* kombiniert – auch zur lokalen äußeren Anwendung als lanolinfreie Salbe. Diese kann bei körperlichen Verletzungen wie Schürfwunden, Verbrennungen, Schnittverletzungen, Verstauchungen, Prellungen, Insektenstichen und plötzlichen Hautausschlägen angewendet werden. Man trägt die Salbe dünn auf die betroffenen Hautpartien auf. Viele Tierbehandler berichten, dass durch die *Notfall-Creme* – besonders wenn die Anwendung sofort nach der Verletzung erfolgte – eine unerwartet gute, erstaunlich schnelle Heilung in Gang gesetzt wurde.

Notfalltropfen und -Creme sind, wie der Name schon sagt, nicht zur Daueranwendung vorgesehen, sondern als Erste Hilfe für Menschen und Tiere in mehr oder weniger dramatischen Notfallsituationen gedacht. Tierbehandler weisen nachdrücklich darauf hin, dass die Notfallmischung auch auf Dauer verabreicht niemals ein Ausgleich für schlechte Haltungsbedingungen und ein nicht artgerechtes Leben sein kann.

Blütentipps zur begleitenden Behandlung

Kombinieren Sie das Notfallmittel mit individuellen Blüten.

Reagiert Ihr Tier …

… mit **Rückzug:** *Water Violet*

… mit **Angst:** *Mimulus, Aspen, Rock Rose*

… mit **Aggression:** *Holly, Chicory, Beech*

… mit **Lethargie:** *Clematis, Gorse, Olive, Wild Rose*

5| Wie erkenne ich die richtigen Bachblüten für mein Tier?

Wie beim Menschen, so geht man auch bei Tieren von dem akuten negativen Gemütszustand aus, den es aktuell zeigt.

Natürlich können Sie Ihre Katze nicht fragen, wie sie sich gerade fühlt. Jedoch zeigen Tiere neben gewissen Art- oder Rassemerkmalen meist einen recht individuellen Charakter, den man nur genau beobachten muss. Abweichungen vom Normalverhalten werden dann schnell offensichtlich.

Ist das Tier ängstlich oder eher wild und ungestüm, »einzelgängerisch« oder eher ein Draufgänger? Reagiert es nervös, zurückhaltend oder aggressiv usw.? Vergleichen Sie Ihre Eindrücke mit den Beschreibungen der 38 Bachblüten. Beim Lesen wird Ihnen die eine oder andere Schilderung sicher vertraut vorkommen. Mit etwas Übung können Sie auf diese Weise die geeigneten Bachblüten für das Tier herausfinden.

Zur Unterstützung der Auswahl finden Sie in diesem Buch einen Fragebogen, der neben den Fragen zum Verhalten des Tieres auch Fragen zur Befindlichkeit des Halters enthält. Es hat sich in der Praxis sehr bewährt, immer auch das Umfeld des Tieres in die Beobachtung miteinzubeziehen und auch dem Halter eine Bachblüten-Mischung zusammenzustellen. Tiere nehmen die Gefühlsregungen ihrer Bezugspersonen sehr empfindsam auf und reagieren darauf häufig in ähnlicher Weise. Sich selbst also zu fragen, wie man gerade reagiert, ist in der Anwendung der Bachblüten bei Tieren

sehr hilfreich. Besonders bewährt hat sich dies, wenn die Bachblütentherapie nicht den gewünschten Erfolg zeigt. Prüfen Sie sich also selbst. Überlegen Sie, welche Gefühlszustände bei Ihnen und damit zurzeit auch im alltäglichen Umfeld des Tieres vorherrschen. Auf diese Weise helfen Sie nicht nur Ihrem Tier, sondern erfahren möglicherweise auch etwas Neues und Interessantes über sich selbst.

Auswahl-Prinzipien

- Körperliche Zustände werden bei der Auswahl der passenden Bachblüten nicht berücksichtigt.

- Verabreichen Sie die Bachblüten nur dann, wenn das Tier tatsächlich erkennbar negative Verhaltens- oder Gemütssymptome zeigt. In die Mischung werden nur Blüten für die aktuellen negativen Seelenzustände aufgenommen. Wenn ein Zustand generell passt, sich aber jetzt nicht zeigt, gehört diese Blüte nicht in die Mischung.

- Es gibt keine Blüten, die sich ausschließen. Alle Blüten können miteinander kombiniert werden.

- Meist werden Sie sich für eine Kombination mehrerer Blüten entscheiden, da die seelischen Symptome des Tieres auf verschiedene Bachblüten hinweisen. Die Erfahrungen von Tierbehandlern zeigen, dass *zwei bis vier Blüten* in der Regel ausreichen. Wenn eine Reduzierung der Auswahl nicht möglich erscheint, hat es sich bewährt, zunächst die Notfalltropfen zu geben. Situationsbedingt können vereinzelt auch mehr Blüten gegeben werden.

- Eine nicht optimal ausgewählte Blütenkombination wirkt nie negativ, nur ist die Wirkung in solchen Fällen schwächer.

- Bei einer länger andauernden Bachblütentherapie wird die Zusammenstellung der Blüten einer Mischung in regelmäßigen Abständen (ca. 3 Wochen) überprüft. Die Blüten der Folgemischungen werden den sich aktuell zeigenden Reaktionen des Tieres angepasst. Es kann sein, dass Blüten aus der bisherigen Mischung weiterhin benötigt werden, einige wegfallen und neue dazukommen.

6| Bachblüten-Fragebogen für Tier und Tierhalter

Die richtigen Bachblüten für ein Tier zu bestimmen ist schwieriger als beim Menschen, da man ein Tier nur beobachten, aber nicht befragen kann. Je nach Art des Tieres sind aber auch die Beobachtungsmöglichkeiten sehr eingeschränkt. Woher weiß ich zum Beispiel, ob eine auffallend ruhige Schildkröte erschöpft *(Olive)* oder melancholisch *(Mustard)* ist?

Wenn man sich klarmacht, dass das bioenergetische Feld oder die Aura des Haustieres ein Teil des größeren bioenergetischen Feldes des Tierhalters bzw. aller Familienmitglieder ist – also Spannungen und Konflikten des großen Energiefelds wehrlos ausgeliefert ist –, wird die Auswahl der richtigen Blütenmischung einfacher. Entsprechend bezieht sich der Fragebogen sowohl auf die Beobachtungen bei Ihrem Tier als auch auf Ihre eigene derzeitige Seelenverfassung.

Zur Benutzung des Fragebogens

Jeder der 38 verschiedenen Bachblüten ist in diesem Fragebogen je eine Aussage für das Tier und eine Aussage für Sie als Tierhalter zugeordnet. Es werden disharmonische seelische Zustände abgefragt, die Sie momentan, d. h. aktuell in der letzten Zeit, bei dem Tier und bei sich selbst beobachten. Dabei ist es nicht wichtig, ob diese Reaktionen grundsätzlich auch für den Charakter des Tieres oder Sie selbst typisch sind. Sie können den Fragebogen nur für das Tier oder für Sie beide nutzen. Letzteres ist hilfreich, wenn Sie erkannt haben oder vermuten, dass Ihr Tier auch besonders auf sein Umfeld reagiert.

Sie werden sicherlich Reaktionen finden, die Sie gut kennen und schon häufiger beobachtet haben, die momentan aber nicht zu erkennen sind. In diesen Fällen sollte die entsprechende Blüte *nicht* als zutreffend angekreuzt werden. Für eine Bachblüten-Mischung ist es ausschließlich wichtig festzustellen, welche Zustände *jetzt akut* sind.

Stellen Sie also immer die Frage: Was kann ich in der aktuellen Problemsituation beobachten?

Wenn Sie den Fragebogen für das Tier und sich selbst beantworten, kreuzen Sie in jedem Fall alle Reaktionen als zutreffend an, die zurzeit für Sie beide passen könnten.

Die Nummern der Fragen entsprechen den Nummern der jeweiligen Blüten, die auf den Seiten 19 bis 93 für Tiere und auf den Seiten 130 bis 136 für den Menschen beschrieben sind.

Lesen Sie eventuell auch ausführlichere Blütenbeschreibungen zu den seelischen Negativzuständen bei Menschen in einem allgemeinen Buch zur Original Bachblütentherapie nach, um noch mehr über die Wechselbeziehung zwischen Ihnen selbst und Ihrem Tier zu erfahren, zum Beispiel im Standardwerk *Die Original Bachblütentherapie. Das gesamte theoretische und praktische Bachblüten-Wissen* von Mechthild Scheffer.

Entscheiden Sie dann, welche Blüten Sie für Ihr Tier und/oder sich in die aktuelle Mischung hineinnehmen wollen.

Die 38 Fragen für Ihr Tier und für Sie

1. Ist Ihr Tier unruhiger und anhänglicher als gewöhnlich?

   Müssen oder wollen Sie zurzeit eine unharmonische Situation vermeiden oder überspielen?

2. Reagiert Ihr Tier schreckhafter als sonst und will nicht allein sein?

   Haben Sie selbst das Gefühl, irgendetwas nicht Fassbares, Schlimmes kommt auf Sie zu?

3. Reagiert Ihr Tier intoleranter gegen andere Tiere, Menschen und Nahrungsmittel usw. als sonst?

   Setzen Sie sich im Moment mit einem Menschen oder einer Situation ungewöhnlich kritisch auseinander?

4. Reagiert Ihr Tier gutmütiger als gewöhnlich, lässt es sich zu viel gefallen?

   Erleben Sie sich selbst gegenwärtig als willensschwach, fällt es Ihnen schwerer als sonst, Nein zu sagen?

5. Wirkt Ihr Tier verunsicherter als sonst? Ahmt es das Verhalten anderer Tiere nach?

   Zweifeln Sie zurzeit daran, ob Ihr Verhalten richtig ist? Fragen Sie häufiger andere nach ihrer Meinung?

6. Hat Ihr Tier ganz plötzlich unerwartete Ausbrüche von Aggressivität?

Müssen Sie aktuell Ihre Gefühle unter Kontrolle behalten? Zwingen Sie sich zur Beherrschung?

7. Tut sich Ihr Tier mit dem Lernen schwerer als sonst? Hat es immer wieder Schübe von bestimmten Gewohnheiten oder Krankheiten?

Ertappen Sie sich momentan dabei, immer wieder die gleichen Fehler zu machen?

8. Haben Sie das Gefühl, das Tier versucht durch sein Verhalten mehr Aufmerksamkeit von Ihnen zu bekommen?

Sind Sie gegenwärtig enttäuscht, weil man Ihr Engagement nicht ausreichend schätzt?

9. Erleben Sie Ihr Tier verträumter als sonst, irgendwie geistig abwesend?

Sind Sie zurzeit gedanklich oft ganz woanders – nicht wirklich in der Realität?

10. Zeigt Ihr Tier ein überstarkes Reinigungsverhalten?

Leiden Sie aktuell selbst unter der Unordnung in Ihrem Umfeld? Fühlen Sie sich von etwas angeekelt?

11. Reagiert Ihr leistungsfähiges Tier plötzlich erschöpft und niedergeschlagen?

Haben Sie selbst im Moment zu viel Verantwortung auf Ihren Schultern?

12. Reagiert Ihr Tier gegenwärtig negativer, abwartender oder ablehnender als sonst?

Haben Sie gerade eine Enttäuschung erlitten oder betrachten eine Angelegenheit mit Skepsis?

13. Erleben Sie Ihr Tier als müde, kraftlos oder resigniert?

Haben Sie gerade in einer bestimmten Lebenssituation die Hoffnung fast aufgegeben?

14. Wirkt Ihr Tier übertrieben anhänglich oder fordernder als sonst?

Erleben Sie sich zurzeit als seelisch sehr bedürftig?

15. Reagiert Ihr Tier momentan eifersüchtig und wird schneller aggressiv?

Sind Sie selbst zurzeit gefühlsmäßig stark irritiert oder gekränkt?

16. Könnte es sein, dass Ihr Tier Heimweh hat?

Müssen Sie sich aktuell selbst mit etwas aus Ihrer Vergangenheit auseinandersetzen oder endlich etwas abschließen?

17. Reagiert Ihr Tier schlaff und etwas träge, aber wenn etwas Unerwartetes passiert, hellwach?

Stehen gegenwärtig Ihre Alltagspflichten morgens wie ein riesiger grauer Berg vor Ihnen?

18. Verhält sich Ihr Tier ungeduldiger oder reizbarer als gewöhnlich?

Geht Ihnen selbst zurzeit alles nicht schnell genug?

19. Haben Sie das Gefühl, Ihr Tier hat sein Selbstvertrauen verloren?

Fühlen Sie sich momentan einer Situation oder einem Menschen unterlegen?

20. Zeigt Ihr Tier aktuell Angst vor einem bestimmten Menschen, einem Tier oder einer Situation?

Geht es Ihnen derzeit genauso?

21. Haben Sie das Gefühl, Ihr Tier ist plötzlich grundlos traurig oder depressiv?

Erleben Sie selbst oder jemand in Ihrer Umgebung aktuell diesen Zustand?

22. Muss Ihr Tier gerade etwas durchhalten? Wird viel Ausdauer von ihm gefordert?

Sind Sie selbst in einer Situation, wo Sie glauben, nicht aufgeben zu dürfen?

23. Ist Ihr Tier nach langer Krankheit oder Belastung völlig erschöpft?

Sind Sie selbst mit Ihren Kräften total im Defizit?

24. Zeigt Ihr Tier ein übertrieben schlechtes Gewissen, ist unterwürfig und lässt sich von Artgenossen angreifen?

Machen Sie sich momentan quälende Selbstvorwürfe?

25. Scheint Ihr Tier mit einem anderen Lebewesen überstark verbunden oder nicht genügend abgenabelt?

Fällt es Ihnen derzeit schwer, sich von den Gefühlen eines anderen Menschen abzugrenzen?

26. Gerät Ihr Tier gegenwärtig sehr schnell in Panik, reagiert kopflos?

Erleben Sie sich selbst zurzeit in extremer Erregung oder Nervenanspannung?

27. Hat die Spontaneität Ihres Tieres nachgelassen, wirkt es steif und angespannt?

Üben Sie momentan sehr starke Disziplin oder sind zu hart zu sich selbst?

28. Zeigt Ihr Tier aktuell ein sehr wechselhaftes Verhalten?

Sind Sie selbst zurzeit hin und hergerissen und können zu keiner Entscheidung kommen?

29. Hat Ihr Tier vielleicht einen erlittenen Schock zu verarbeiten?

Haben Sie selbst etwas erlebt, was Sie noch nicht wirklich verkraftet haben?

30. Ist Ihr Tier zurzeit in einer extremen Situation, in der es machtlos ist?

Befinden Sie sich selbst in einer Krise, wissen nicht mehr ein noch aus?

31. Reagiert Ihr Tier aktuell übereifrig, kann kein Ende finden?

Müssen Sie sich momentan sehr stark anstrengen oder engagieren?

32. Hat Ihr Tier gegenwärtig Autoritätsprobleme, reagiert es dominant?

Sind Sie selbst in einer Situation, in der Sie sich unbedingt durchsetzen wollen oder müssen?

33. Befindet sich Ihr Tier in neuen Lebensumständen, an die es sich erst adaptieren muss?

Trifft das Gleiche für Sie selbst oder Ihre Familie zu?

34. Ist Ihr Tier zurückhaltender als sonst? Hält es sich fern, wirkt unnahbar?

Befinden Sie sich zurzeit in einer physischen oder seelischen Situation, aus der Sie sich zurückziehen möchten?

35. Könnte es sein, dass die Aufmerksamkeit Ihres Tieres von irgendetwas völlig absorbiert ist?

Kreisen Ihnen momentan unaufhörlich Gedanken im Kopf herum, die Sie fast nicht abstellen können?

36. Wirkt Ihr Tier unzufrieden, zeigt keine Ausdauer, fängt immer wieder Neues an?

Sind Ihre jetzigen Lebensumstände so, dass jede Lebensfreude fehlt?

37. Wirkt Ihr Tier apathisch, als ob es sich selbst aufgegeben hätte?

Sind Ihre jetzigen Lebensumstände so, dass jede Lebensfreude fehlt?

38. Befindet sich Ihr Tier in einer Situation, in der es sich als Opfer fühlen könnte?

Fühlen Sie sich derzeit selbst einer Situation oder einem Umstand machtlos ausgeliefert?

7| Praxis der Original Bachblütentherapie für Tiere

Zubereitung

Die Bachblüten-Konzentrate (Vorratsflaschen, Stockbottles) werden für Tiere – wie bei der Zubereitung für Menschen – auf Einnahmestärke verdünnt.

1. Bestimmen Sie zunächst die aktuell benötigte individuelle Blütenkombination für das Tier, möglichst nicht mehr als 3 bis 4 Blüten für eine Mischung. Sollten es mehr Blüten sein (max. 7), weil Ihnen die Auswahl schwerfällt, ist es nicht schädlich, doch in den meisten Fällen nicht nötig. Es ist aber besser, eine Blüte mehr in die Mischung zu nehmen, als eine eventuell wichtige wegzulassen. Es gibt keine Essenzen, die sich gegenseitig ausschließen oder die man nicht gleichzeitig mit anderen Heilmitteln geben könnte. Jede Kombination der 38 Blütenessenzen ist möglich.

2. Besorgen Sie sich ein leeres Glasfläschchen mit Pipette oder Tropfeinsatz (30 ml, bei Bedarf auch größer) aus der Apotheke. Stellen Sie ein kohlensäurefreies, stilles Mineralwasser (kein entmineralisiertes Wasser) bereit. Außerdem benötigen Sie zur Konservierung ca. 45%igen Alkohol (z. B. Weinbrand) oder ersatzweise Obstessig.

3. Um eine 30-ml-Einnahmemischung zuzubereiten, tropfen Sie nun von jedem gewählten Bachblüten-Konzentrat 3 Tropfen aus der Vorratsflasche in das leere Glasfläschchen. Bei einer größeren oder kleineren Einnahmeflasche nehmen Sie entsprechend mehr oder weniger Konzentrat (je 1 Tropfen auf 10 ml Einnahmeflüssigkeit).

4. Füllen Sie die Einnahmeflasche anschließend zu etwa 3/4 mit Wasser und zu 1/4 mit Alkohol auf. Der Alkohol dient ausschließlich der längeren Haltbarkeit der angefertigten Mischung. Bei kurzfristiger Einnahme, Unverträglichkeit oder hoher Empfindlichkeit gegen Alkohol braucht kein Alkohol zugesetzt zu werden. Die Mischung ist ohne Alkoholzusatz entsprechend weniger lange haltbar. Für die Wirkung spielt der Alkohol keine Rolle.

Dosierung

Für die Gabe der Bachblüten gibt es bei Tieren keine Standarddosierung. Die Häufigkeit der Verabreichungen wird individuell dem einzelnen Tier angepasst. Aus der Praxis von Tierbehandlern haben sich jedoch einige Erfahrungswerte ergeben, die als Orientierungshilfe dienen können.

- *Kleintiere:* Erwachsene Kleintiere erhalten täglich 4 x 4 Tropfen aus der Einnahmeflasche. Bei neugeborenen Kleintieren beträgt die Dosis jeweils 1 – 2 Tropfen 4 x täglich, bei jungen Tieren in den ersten Lebenswochen 2 – 3 Tropfen 4 x täglich.

- *Großtiere:* Erwachsenen Großtieren gibt man täglich 4 x 10 Tropfen aus der Einnahmeflasche. Neugeborene Großtiere erhalten pro Dosis 4 – 5 Tropfen 4 x täglich, junge Großtiere in den ersten Wochen jeweils 5 – 6 Tropfen 4 x täglich.

Die Dosierung richtet sich immer nach der individuellen Reaktion des Tieres. Bei sehr kleinen Tieren (z. B. Hamster, Kanarienvogel) kann man die Tropfenzahl noch weiter reduzieren. Im Allgemeinen verabreicht man die entsprechende Dosis 4 x täglich. In akuten Fällen haben sich häufigere Gaben bewährt, bisweilen sogar im Abstand von 15 Minuten (z. B. bei den Notfalltropfen).

Wenn Sie Ihr Tier aufmerksam beobachten, werden Sie bald herausfinden, wie häufig es die Bachblüten benötigt. Manche Tiere signalisieren dem Tierhalter deutlich, wenn es wieder Zeit für »ihre Tropfen« wird.

Verabreichung und Einnahme

Für die Art der Verabreichung der Bachblüten gibt es ebenfalls keine festen Vorschriften. Achten Sie jedoch immer sorgfältig darauf, jeden Zwang und Stress für das Tier dabei zu vermeiden. Hier einige Empfehlungen aus der Behandlerpraxis.

Bei *Kleintieren* hat es sich bewährt, die Tropfen aus der ohne Alkohol zubereiteten Einnahmeflasche über die Pipette direkt auf die Zunge zu geben. Am besten nimmt man das Tier dazu auf den Schoß, redet ihm geduldig zu und streichelt es liebevoll.

Man kann die Tropfen auch unter das Futter mischen oder ins Trinkwasser geben, wenn man keine Möglichkeit hat, dem Tier die Tropfen über den Tag verteilt zu geben. Das reicht, um sicherzustellen, dass es im Laufe des Tages die Mindestmenge tatsächlich aufnimmt, selbst wenn es nur hin und wieder einen Schluck davon trinkt.

Bei Katzen funktioniert diese Methode erfahrungsgemäß weniger gut, wenn die Tropfen unverdünnt aus der Konzentrat-Flasche entnommen werden, da sie sehr heikel insbesondere auf Alkohol reagieren und ihr Futter dann mitunter ganz ablehnen.

Man kann die Tropfen aus der Einnahmeflasche dem Tier auch auf die Nase oder auf die Pfoten träufeln. Es wird sich dann säubern wollen und dabei die Tropfen ablecken.

Großtieren verabreicht man die Tropfen aus der Einnahmeflasche mit einem Plastiklöffel direkt auf die Zunge oder auf das Zahnfleisch. Bewährt hat sich auch, die Tropfen auf Obst oder Brot zu träufeln, sie werden dann meist problemlos angenommen. Pferde nehmen die Tropfen aus der Einnahmeflasche gern auf einem Stück Zucker.

Falls ein Tier die Einnahme völlig verweigert – was in der Praxis sehr selten vorkommt –, hat es sich bewährt, mehrmals täglich einige Tropfen unter liebevollem Streicheln und gutem Zureden ins Fell zu geben und auf die Haut im Stirnbereich zu verteilen. Man unternimmt dann nach ein bis zwei Tagen einen erneuten Versuch, die Tropfen oral zu geben. Die meisten Tiere nehmen die Bachblüten dann bereitwillig an. Haben Sie mehrere Tiere, die unterschiedliche Bachblüten-Mischungen einnehmen sollen, bereiten Sie für jedes Tier eine eigene Einnahmeflasche zu.

Wenn Sie mehrere Tiere haben, die alle aus derselben Wasserstelle trinken, können Sie unbedenklich die Tropfen in die Wasserstelle geben. Die Tiere, die die Blüten nicht benötigen, werden keinerlei Wirkung verspüren.

Dauer

Es gibt unterschiedliche Erfahrungen, was die Verabreichungsdauer von Bachblüten bei Tieren angeht. Im Allgemeinen reagieren sie rascher auf die Blüten als Menschen. Grundsätzlich gilt, dass das Tier so lange Bachblüten benötigt, bis sich die negativen Gemütszustände erkennbar harmonisiert haben.

Je nach Art der zu behandelnden Störung berichten Tierbehandler bei nicht akuten, länger andauernden Zuständen über eine Anwendungsdauer von wenigen Tagen bis zu einem Jahr. Bei *länger andauernder Behandlung* sollen die Mischungen regelmäßig überprüft werden (nach ca. 3 Wochen Einnahme). Die Blüten der Folgemischungen werden den sich aktuell zeigenden Reaktionen angepasst.

Bei eher kurzfristigen, *akuten* Disharmonien kommt es erfahrungsgemäß schnell (innerhalb weniger Stunden bis Tage) zu einer Harmonisierung.

Es ist naturgemäß schwieriger, chronische Fehlhaltungen (oftmals auch mit chronischen Erkrankungen auftretend) dauerhaft positiv zu beeinflussen. Daher ist es in solchen Fällen besonders wichtig, das menschliche Umfeld und die Lebensumstände des Tieres sorgfältig zu prüfen und ggf. in die Behandlung miteinzubeziehen.

Hier zeigen sich auch die Grenzen der Bachblüten-Behandlung bei Tieren. Ein Tier, das weiterhin in einem spannungsreichen, disharmonischen Umfeld lebt, wird auch mithilfe der Bachblüten kein dauerhaft ausgeglichenes Wesen entwickeln können. Ein Jagdhund in einer kleinen Wohnung gehalten entwickelt ganz zwangsläufig ein z. B. aggressives Verhalten, wenn er keinen Auslauf bekommt.

Behandler empfehlen daher allen Tierbesitzern, ihren Tieren eine möglichst artgerechte Haltung zu gewährleisten.

8| Die häufigsten Fragen von Tierbesitzern

Aggression bei Hunden

Frage: Meine drei Doggen sind gleichaltrig und weiblich. Eine von ihnen neigt dazu, den anderen gegenüber besonders aggressiv zu sein, wenn sie aufgeregt ist. Sie erträgt es nicht, wenn einer der anderen Hunde mehr Aufmerksamkeit bekommt.

Antwort: Zusätzlich zur Vergabe von *Vine* und *Holly* sollten Sie darauf achten, dass Sie alle Hunde mit der gleichen Aufmerksamkeit behandeln.

Angst vor Geräuschen / Gewitterangst

Frage: Meine Katze fürchtet sich vor lauten Geräuschen wie Donner. Wenn sie Angst hat, zittert sie am ganzen Körper und versucht sich zu verstecken.

Antwort: *Mimulus* ist hier zu empfehlen. Außerdem können *Rock Rose* und besonders die *Notfalltropfen* eingesetzt werden. Letztere helfen, mit der Panik in besonders belastenden Situationen zurechtzukommen.

Anhänglichkeit, übertriebene

Frage: Meine Hündin ist sehr anhänglich und scheint von mir abhängig zu sein. Sie weint, wenn ich nur in die Nähe der Tür gehe. Andererseits erscheint sie aber auch sehr vital und aufgeregt. Ich habe deshalb *Vervain* gegeben und gegen die Besitzansprüche *Chicory*. Ist es sinnvoll, ihr zusätzlich die *Notfalltropfen* zu verabreichen?

Antwort: *Vervain* und *Chicory* sind eine gute Wahl. Zusätzlich die *Notfalltropfen* zu geben müsste Ihrer Hündin helfen, allgemein ruhiger zu werden. Sie sollten vor allem auch *Heather* (seelische Bedürftigkeit, selbstbezogen, verzweifelt auf der Suche nach Gesellschaft) und *Mimulus* (Angst vor Ihrem Weggehen) in Betracht ziehen.

Dominanzbedürfnis und Aggression

Frage: Meine drei Jahre alte Pointer-Hündin stammt aus dem Tierheim. Zuerst war sie sehr unsicher, aber mit zunehmendem Selbstvertrauen wächst auch ihre Aggressivität und ihr Dominanzverhalten. Mein Trainer hat vorgeschlagen, es mit Blütenessenzen zu versuchen, aber ich bin mir nicht sicher, welche.

Antwort: Es hört sich so an, als ob bei Ihrer Hündin die Negativhaltung zu *Larch* (Minderwertigkeitsgefühle) gerade Platz macht für eine dominantere Verhaltensweise, die vielleicht ein charakteristischer Wesenszug Ihrer Hündin ist. Zu den Blütenessenzen, die Sie in Betracht ziehen sollten, gehören *Vine* (sie will, dass alles nach ihren Vorstellungen passiert, und wird aggressiv, um sich durchzusetzen) und *Chicory* (sie will im Zentrum der familiären Aufmerksamkeit und an der Spitze aller Aktivitäten stehen). Vielleicht hat aber Ihre Hündin auch die Zeit im Tierheim noch nicht wirklich verarbeitet und kann dies jetzt tun, wo sie sicher sein kann, ein neues, geschütztes Zuhause bei Ihnen gefunden zu haben. Sie könnten es also auch mit den *Notfalltropfen* oder *Star of Bethlehem* (oft sehr hilfreich bei Tieren mit traumatischen Erlebnissen) oder *Walnut* probieren. Letzteres kann helfen, dass sich Ihre Hündin an die neuen Umstände besser anpassen kann. Sie könnten alle genannten Blüten in eine Mischung geben und sehen, wie die Hündin darauf reagiert.

Eingewöhnung in eine neue Umgebung

Frage: Ich arbeite in einem Tierheim, wo heimatlose Hunde neu vermittelt werden. Die *Notfalltropfen* sollen, so habe ich gehört, die Eingewöhnung in eine neue Familie erleichtern. Gibt es weitere Blütenessenzen, die hier helfen könnten?

Antwort: *Walnut* ist die Blüte, die hilfreich ist für Tiere, die sich an eine neue Umgebung und an neue Erwartungen, die an sie gestellt werden, gewöhnen müssen. *Star of Bethlehem* hilft Tieren, die mit den Auswirkungen früherer Traumata zu kämpfen haben. Die *Notfalltropfen* sind in den meisten Fällen generell zusätzlich angezeigt.

Erstreaktion auf die Trennung vom Tierhalter Traurigkeit und Lethargie beim Tier

Frage: Ich habe einen zehnjährigen Hund (Rottweiler), der eine erkrankte Leber hat, die homöopathisch behandelt wird. Immer wenn ich auf Geschäftsreise gehe, wirkt er sehr traurig. Deshalb hat der Tierarzt vorgeschlagen, ihm die Notfalltropfen zu geben. Ich habe es versucht, hatte aber den Eindruck, dass ihn dies nur depressiv und lethargisch macht.

Antwort: Blütenessenzen rufen bei den Tieren keine Empfindungen hervor, die nicht bereits vorhanden wären. Es gibt diese mögliche Erklärung: Die depressiven Empfindungen können sich durch die Einnahme der *Notfalltropfen* jetzt deutlicher zeigen, und die tiefere Schicht des seelischen Problems Ihres Hundes ist klarer geworden. Sie sollten mit der Gabe der *Notfalltropfen* fortfahren und zusätzlich weitere Blütenessenzen geben, die auf die freigesetzten Empfindungen wirken. Bestandteil der fortschreitenden Therapie ist es dann, diese zu verlieren. Blütenessenzen, die möglicherweise wirken könnten, sind beispielsweise *Gorse* (bei Hoffnungslosigkeit), *Hornbeam* (bei Erschöpfungsgefühl bereits bei alltäglichen Handlungen), *Wild Rose* (bei Apathie) und *Willow* (bei Selbstmitleid). *Walnut, Honeysuckle* oder *Chicory* könnten für das Tier ebenfalls hilfreich sein, wenn Sie verreisen müssen. Achten Sie jetzt genau darauf, wie Ihr Hund reagiert, und geben Sie die entsprechenden Bachblüten.

Krankheiten: Begleitende Behandlung mit Bachblüten (1)

Frage: Unser Kater leidet an chronischer Niereninsuffizienz. Der Tierarzt hat nun vorgeschlagen, ihm vor den eigentlichen Behandlungen die Notfalltropfen zu geben, um ihn zu beruhigen. Gibt es andere Blütenessenzen, die seine Magenprobleme lindern könnten, da er sich häufig übergeben muss, obwohl keine entsprechende Erkrankung diagnostiziert wurde? Er ist fünfzehn Jahre alt, verlangt viel Aufmerksamkeit, mag Menschen und andere Tiere. Er liebt es, auf den Arm genommen und gestreichelt zu werden; um dies zu erreichen, kann er aber auch manchmal richtig bösartig werden. Er bekommt von den Kindern jeden Tag unzählige Streicheleinheiten und wirkt traurig, wenn diese mal ausbleiben. Er tobt gerne mit den anderen Katzen; ohne sie ist er weniger aktiv. Seit Beginn der Nierenbehandlung – Gabe des Hormons Corticotropin – wirkt er meist sehr müde und bewegt sich weniger als früher.

Antwort: Die *Notfalltropfen* sind wie in den meisten Krankheitsfällen sicher eine gute Empfehlung zur allgemeinen Beruhigung. *Crab Apple* ist die Reinigungs-Blüte, die bei Übelkeit und Vergiftungen eingesetzt wird. *Chicory* und / oder *Heather* sind geeignete Mittel, wenn ein Tier übermäßig viel Aufmerksamkeit braucht. *Olive* hilft bei alters- und krankheitsbedingter Erschöpfung.

Krankheiten: Begleitende Behandlung mit Bachblüten (2)

Frage: Meine Katze leidet an Hautkrebs. Ich weiß, dass man mit den Blütenessenzen keine Krankheiten behandeln kann, aber ich möchte ihr die Beschwerden lindern. Sie leidet unter dem Juckreiz. Bereits vor ihrer Erkrankung war sie scheu. Dies hat sich aber nun noch gesteigert. Haben Sie einen Rat für mich?

Antwort: Die *Notfalltropfen* sind generell gut für leidende Tiere, da diese Mischung Blüten enthält, die auf Empfindungen wie Aufregung, Angst, Schock und Verzweiflung wohltuend eingehen. Sie könnten auch *Crab Apple*, die Reinigungs-Blüte, ausprobieren. Hinzu kommen bei der begleitenden Behandlung individuelle Blüten, die sich am jeweiligen Verhalten des Tieres orientieren. Da Sie Ihre Katze als scheu beschreiben, könnten Sie überlegen, ob eine der folgenden Blütenessenzen für sie infrage käme: *Mimulus* (für schüchterne, stille Tiere), *Water Violet* (für ich-bezogene, reservierte Tiere, die gern mit sich allein sind) oder *Centaury* (für sanfte Tiere, denen viel befohlen wird und die dies auch befolgen).

Mückenstiche

Frage: Unser Pferd hat »süßes Blut« und reagiert allergisch auf Mückenstiche. Normalerweise ist es verlässlich und unerschütterlich, aber wenn die Mücken ihn plagen und die Allergie auftritt, wirkt es verzweifelt und ist schwer zu bändigen. Könnten ihm Bachblüten helfen?

Antwort: Sie könnten folgende Blüten-Essenzen probieren: *Crab Apple*, um das Pferd vom Juckreiz zu befreien; *Cherry Plum*, um ihm seine Selbstbeherrschung wiederzugeben; *Impatiens* gegen seine Aufregung. Ich habe auch an *Elm* gedacht, weil es sich so anhört, als ob das Pferd normalerweise gut mit allem zurechtkommt, dieses Problem es jedoch zu überfordern scheint.

Parasitenbefall: Sind Bachblüten geeignet?

Frage: Welche Blütenessenzen kann ich meinem Hund gegen Würmer geben?

Antwort: Bachblüten werden nicht bei speziellen Krankheiten und schon gar nicht bei Parasitenbefall gegeben. Im Gegenteil – die Blütenessenzen werden immer auf die Persönlichkeit und den Gemütszustand des betreffenden Tieres abgestimmt.

Sorgen um das Tier

Frage: Ich gebe meinen Hunden Bachblüten-Tropfen. Ich selbst nehme *Red Chestnut* und die *Notfalltropfen,* wenn ich das Gefühl habe, ich sorge mich übermäßig um sie. Ist das richtig?

Antwort: Ja, denn *Red Chestnut* hilft, die Last zu verringern, die durch das Sich-Sorgen um andere Menschen oder Tiere entsteht.

Sterben

Frage: Unser Pferd wird bald an Krebs sterben. Es hat nur noch drei oder vier Wochen zu leben. Was können wir tun, um ihm diesen Leidensweg so angenehm wie möglich zu bereiten? Kann man sein Leiden etwas lindern?

Antwort: Die Bachblüten wirken nicht direkt auf körperliche Symptome. Deshalb sollten Sie einen Tierarzt nach schmerzlindernden Mitteln und weiteren Behandlungsmöglichkeiten fragen. Die Bachblüten können dem Tier jedoch helfen, mit seinen Emotionen umzugehen und ihm so das Sterben zu erleichtern. Hierfür ist das *Notfallmittel* geeignet, da diese Blütenmischung gegen Angstzustände, Schock und andere aufwühlende Empfindungen wirkt. Hinzufügen sollten Sie *Walnut*, um Ihrem Tier zu helfen, den Wechsel in eine andere Daseinsebene zu vollziehen.

Da Sie sicherlich ebenfalls unter der Situation leiden, rate ich auch Ihnen, diese Bachblüten einzunehmen.

Training

Frage: Einem meiner Pferde wurde *Chestnut Bud* verabreicht, um es beim Training zu unterstützen, jedoch ohne Erfolg. Zuvor hat es *Mimulus* bekommen, das sehr gut vor allem bei Tierschauen gewirkt hat. Können Sie mir sagen, aus welchem Grund *Chestnut Bud* nicht anschlägt?

Antwort: *Chestnut Bud* ist dann hilfreich, wenn Tiere keinen festen Rhythmus in ihrem Leben erkennen, selbst bei wiederholten Übungen nicht lernen oder sie sich schnell langweilen, weil zu wenig Anreiz im Training da ist. Es kann in Ihrem Fall sein, dass eine andere Blütenessenz notwendig ist, wenn z. B. die Ursache für das Problem in der Persönlichkeit des Tieres liegt oder es eine andere seelische Indikation zeigt, als es bei *Chestnut Bud* typisch ist. Ein sehr willensstarkes, dominantes Tier z. B. könnte *Vine* benötigen, während bei einem eher apathischen Typ, der zum Training nicht zu motivieren ist, *Wild Rose* wirken könnte. Es könnte auch sein, dass das Tier ängstlich ist. Dafür spricht, dass *Mimulus* bei Tierschauen gut gewirkt hat. Dann ist es für diese Situation wahrscheinlich genau die richtige Blüte für dieses Pferd. Und es kann sein, dass das Pferd im Training nicht ängstlich ist *(Mimulus)* oder gelangweilt *(Chestnut Bud)*, sondern anders reagiert. Zum Beispiel verträumt *(Clematis)*, überfordert *(Elm)* oder lustlos

(Hornbeam). Es gibt viele mögliche Reaktionen. Sie sollten Ihr Tier genau beobachten und entsprechend seiner Reaktionen die Bachblüten zuordnen.

Rückzug nach Trauma
Verarbeitung traumatischer Ereignisse

Frage: Wir haben eine Taube gerettet, die von einem Luftgewehr getroffen wurde. Sie erholt sich nun langsam, kann aber nicht mehr fliegen und muss gefüttert werden. Sie ist sehr scheu und versucht sich zu verstecken, sobald sich ihr jemand nähert.

Antwort: Es gibt drei Blütenessenzen, die Sie anwenden können: *Mimulus* gegen die Angst vor Menschen, *Walnut*, damit die Taube sich besser auf die veränderten Bedingungen einstellen kann, und die *Notfalltropfen*, um sie allgemein zu beruhigen und ihr die Verarbeitung des Traumas zu erleichtern. Zusätzlich kann ihr *Water Violet* helfen, den Rückzug zu überwinden und sich mit zunehmender Besserung wieder mehr dem Leben und ihrer Freiheit zuzuwenden.

Umzug und andere Veränderungen
im Umfeld des Tieres

Frage: Meine Katze verhält sich nach unserem Umzug in eine andere Stadt sehr introvertiert. Hinzu kommt, dass wir nun noch eine weitere Katze in der Familie haben. Mir wurde empfohlen, meiner Katze die *Notfalltropfen* und *Aspen* zu geben. Ich möchte das gern versuchen.

Antwort: Generell ist *Aspen* für vage Vorahnungen oder Ängste, die keine bestimmte Ursache haben, geeignet. Es klingt aber so, als ob Ihre Katze gute Gründe für ihre Nervosität hätte: Deshalb scheint *Aspen* nicht geeignet zu sein. Dagegen wären die *Notfalltropfen* richtig. Darüber hinaus sollten Sie auch *Walnut* (als Unterstützung, um sich an veränderte Umstände zu gewöhnen), *Mimulus* (gegen eine spezifische Angst vor etwas – vielleicht die neue Katze) und *Holly* (bei Eifersucht auf die neue Katze) in Betracht ziehen.

Vogel gegen Fensterscheibe

Frage: Von meinem Fenster aus kann ich den frei lebenden Vögeln zusehen, was mir große Freude macht. Leider passiert es immer wieder einmal, dass die Vögel bei plötzlich drohender Gefahr vor Schreck gegen die Fensterscheibe fliegen. Ich habe beobachtet, dass die Tiere wie betäubt zu Boden fallen, liegen bleiben und sterben. Kann man mit Bachblüten helfen?

Antwort: Leider kommt es immer wieder vor, dass Vögel gegen Fensterscheiben fliegen. In vielen dieser Fälle hat es sich bewährt, die im Wasserglas verdünnten *Notfalltropfen* über Gesicht und Schnabel des Vogels zu träufeln. Nach ca. 15 – 20 Minuten Wartezeit kann man u. U. erleben, dass sich das Tier erholt.

Zwanghaftes Verhalten

Frage: Unsere Hündin hat sich plötzlich angewöhnt, sich ständig die Füße zu lecken. Auch die Möbel sind mittlerweile in Mitleidenschaft gezogen worden, da sie sie anknabbert und ableckt. Dies zu verhindern ist nahezu unmöglich.

Antwort: *Crab Apple, Chestnut Bud* und *Heather* sind bei zwanghaften Handlungen hilfreich. Sie sollten aber auch einen Tierarzt hinzuziehen, um die Gründe dieser Verhaltensänderung diagnostizieren zu lassen.

Erfahrungen aus einer Bachblüten-Praxis für Pferde

Die nachfolgenden Mischungsvorschläge haben sich in der Pferde-Praxis als sogenannte *»Einstiegsmischungen«* bewährt. Es sind also Mischungen, die beim Erstbesuch gegeben werden, um den energetischen Zustand, der aktuell herrscht, allgemein zu erfassen. Die Mischungen sollen die energetische Voraussetzung schaffen, bei einem eventuell nötigen Zweitgespräch die jeweiligen individuellen Zusammenhänge beim einzelnen Pferd anzugehen, z. B. Herkunft, Ausbildung, Haltung, sportlicher Einsatz, Verhalten, körperliche Verfassung, Temperament usw.

Absetzen von Fohlen/Trennung Stute – Fohlen:
Star of Bethlehem, Honeysuckle, Walnut, Red Chestnut
evtl. Larch, Mimulus, Centaury

Angst vor dem Tierarzt oder Hufschmied:
Mimulus, Larch, Water Violet, Impatiens (innere Anspannung), Cherry Plum oder Rock Rose

Fehlende Konzentration bei der Arbeit:
Clematis, Chestnut Bud, White Chestnut, Impatiens
evtl. auch Centaury, Wild Oat oder Elm

Probleme mit Stallgefährten:
Beech, Holly, Vine, Heather, Red Chestnut

Unausgeglichenheit; launisches, wechselhaftes Benehmen:
Beech, Scleranthus, White Chestnut, Rock Water, Willow, Holly

Misstrauen gegenüber Menschen:
Cerato, Larch, Gentian, Gorse, Holly, Honeysuckle, Mimulus

Scheinbar traumatisierte Pferde, deren Vergangenheit man nicht kennt:
Star of Bethlehem, Honeysuckle, Walnut
evtl. Mimulus, Rock Rose, Larch, Gorse

Bei *Turnierstress* haben sich in erster Linie die Notfalltropfen bewährt.

9| Das System der 38 Original Bachblüten beim Menschen

1| Agrimony – Kleiner Odermennig

- Man versucht quälende Gedanken und innere Unruhe hinter einer Fassade von Fröhlichkeit und Sorglosigkeit zu verbergen.

\+ *Innere Ehrlichkeit, Konfliktfähigkeit*

2| Aspen – Espe oder Zitterpappel

- Man hat unerklärliche vage Ängstlichkeiten, Vorahnungen; heimliche Furcht vor irgendeinem drohenden Unheil.

\+ *Bewusste Sensibilität*

3| Beech – Rotbuche

- Man reagiert überkritisch und intolerant; kann wenig Mitgefühl und Einfühlungsvermögen aufbringen.

\+ *Verständnisvolles Urteilsvermögen, Toleranz*

4| Centaury – Tausendgüldenkraut

- Man kann nicht Nein sagen; Schwäche des eigenen Willens; Überreaktion auf die Wünsche anderer.

\+ *Selbstbestimmung, Willenskraft*

5| Cerato – Chinesisches Hornkraut

- Man ist unsicher, hat zu wenig Vertrauen in die eigene Meinung und Urteilsfähigkeit.

\+ *Innere Gewissheit, Intuition*

6| Cherry Plum – Kirschpflaume

- Es fällt schwer, innerlich loszulassen; man hat Angst vor seelischen Kurzschlusshandlungen; unbeherrschte Temperamentsausbrüche.

+ *Gelassenheit in spannungsreichen Situationen*

7| Chestnut Bud – Knospe der Rosskastanie

- Man macht immer wieder die gleichen Fehler, weil man seine Erfahrungen nicht wirklich verarbeitet und nicht genug daraus lernt.

+ *Lernfähigkeit; Bereitschaft, Erfahrungen zu verwerten*

8| Chicory – Wegwarte

- Besitzergreifende Persönlichkeitshaltung, mit der man sich bewusst oder unbewusst überall einmischt.

+ *Uneigennützigkeit, bedingungslose Liebe*

9| Clematis – Weiße Waldrebe

- Man ist geistig abwesend, zeigt wenig Aufmerksamkeit für das, was um einen herum vorgeht.

+ *Bereitschaft zur Auseinandersetzung mit der Realität; Kreativität*

10| Crab Apple – Holzapfel

- Man fühlt sich innerlich oder äußerlich beschmutzt, unrein oder infiziert; »Detailkrämer«.

+ *Sinn für höhere Ordnung*

11| Elm – Ulme

- Man hat das vorübergehende Gefühl, seiner Aufgabe oder Verantwortung nicht gewachsen zu sein.

+ *Selbstbewusstsein und Verantwortungsfähigkeit bei realitätsgerechter Einschätzung der eigenen Möglichkeiten*

12| Gentian – Bitterer Fransenenzian

- Man reagiert skeptisch, zweifelnd, pessimistisch, leicht entmutigt.

+ *Positive Erwartungshaltung, Gottvertrauen*

13| Gorse – Stechginster

- Man ist ohne Hoffnung, hat resigniert; »Es hat doch keinen Zweck mehr«-Gefühle.

+ *Hoffnung, neuer Mut in schwierigen Lebenssituationen*

14| Heather – Heidekraut

- Man ist selbstbezogen, völlig mit sich beschäftigt; braucht viel Publikum; »das bedürftige Kleinkind«.

+ *Einfühlungsvermögen, Identitätsgefühl*

15| Holly – Stechpalme

- Man reagiert gefühlsmäßig irritiert; Eifersucht, Misstrauen, Hass- und Neidgefühle.

+ *Großherzigkeit, Liebe*

16| Honeysuckle – Geißblatt

- Man weigert sich bewusst oder unbewusst, bestimmte Ereignisse seiner Vergangenheit zu verarbeiten.

+ *Konstruktive Vergangenheitsbetrachtung; im Hier und Jetzt leben lernen*

17| Hornbeam – Weißbuche oder Hainbuche

- »Montagmorgen«-Gefühl; man glaubt, man wäre zu schwach, um die täglichen Pflichten zu bewältigen, schafft es dann aber doch.

\+ *Seelische Spannkraft, geistige Frische*

18| Impatiens – Drüsentragendes Springkraut

- Man reagiert ungeduldig, leicht gereizt; zeigt überschießende Reaktionen.

\+ *Geduld und Verständnis*

19| Larch – Lärche

- Man hat Minderwertigkeitsgefühle; Erwartung von Fehlschlägen durch Mangel an Selbstvertrauen.

\+ *Selbstvertrauen, gesundes Selbstwertgefühl*

20| Mimulus – Gefleckte Gauklerblume

- Man ist schüchtern, furchtsam; hat viele kleine Ängstlichkeiten.

\+ *Tapferkeit im Alltag*

21| Mustard – Ackersenf

- Tiefe Traurigkeit; Perioden von Schwermut kommen und gehen plötzlich und ohne erkennbare Ursachen.

\+ *Seelengröße, inneres Licht*

22| Oak – Eiche

- Man fühlt sich als niedergeschlagener und erschöpfter Kämpfer, der trotzdem tapfer weitermacht und nie aufgibt.

\+ *Kraft und Ausdauer, dabei Erkennen der eigenen Grenzen*

23| Olive – Olive

- Man fühlt sich körperlich und seelisch ausgelaugt und erschöpft; »Alles ist zu viel«.
+ *Seelische Stärkung, innere Regeneration*

24| Pine – Kiefer

- Man macht sich Vorwürfe, hat unberechtigte Schuldgefühle.
+ *Selbstakzeptanz, Selbstrespekt*

25| Red Chestnut – Rote Kastanie

- Man macht sich mehr Sorgen um das Wohlergehen anderer Menschen als um das eigene; zu starke innere Verbundenheit mit einer nahestehenden Person.
+ *Eigenständigkeit und Zuversicht*

26| Rock Rose – Gelbes Sonnenröschen

- Man reagiert innerlich panisch und wird von Terrorgefühlen überrannt.
+ *Geistesgegenwart, Heldenmut*

27| Rock Water – Wasser aus heilkräftigen Quellen

- Man ist zu hart zu sich selbst; hat strenge oder starre Ansichten; unterdrückt vitale Bedürfnisse wie Essen, Schlaf, Bewegung.
+ *Flexibilität, innere Freiheit*

28| Scleranthus – Einjähriger Knäuel

- Man ist unschlüssig, sprunghaft, innerlich unausgeglichen; Meinung und Stimmung wechseln von einem Moment zum anderen.
+ *Innere Balance, Entscheidungskraft*

29| Star of Bethlehem – Doldiger Milchstern

- Man hat eine seelische oder körperliche Erschütterung noch nicht verkraftet; »der Seelentröster«.

\+ *Feinsinnigkeit, Bereitschaft zur Erlebnisverarbeitung*

30| Sweet Chestnut – Esskastanie

- Man glaubt, die Grenze dessen, was ein Mensch ertragen kann, sei nun erreicht; innere Ausweglosigkeit.

\+ *Selbstfindung, Erkenntnis des »Willens über uns«*

31| Vervain – Eisenkraut

- Im Übereifer, sich für eine gute Sache einzusetzen, treibt man Raubbau mit seinen Kräften; man reagiert missionarisch bis fanatisch.

\+ *Bewusst gelenkte Begeisterungskraft*

32| Vine – Weinrebe

- Man will unbedingt seinen Willen durchsetzen; hat Probleme mit Macht und Autorität.

\+ *Natürliche Autorität, gesunder Ehrgeiz*

33 | Walnut – Walnuss

- In einer Phase des inneren Neubeginns oder einer einschneidenden Veränderung der Lebensumstände lässt man sich verunsichern und wird wankelmütig.

\+ *Unbeirrbarkeit; »der Pionier, der sich selbst treu bleibt«*

34| Water Violet – Sumpfwasserfeder

- Man zieht sich innerlich zurück; isoliertes Überlegenheitsgefühl.

\+ *Kommunikationsfähigkeit, Miteinander-Gefühl*

35| White Chestnut – Rosskastanie

– Bestimmte Gedanken kreisen unaufhörlich im Kopf, man wird sie nicht wieder los; innere Selbstgespräche und Dialoge.

+ *Geistige Ruhe, Gedankenklarheit*

36 | Wild Oat – Waldtrespe

– Man zersplittert sich; hat unklare Zielvorstellungen; ist innerlich unzufrieden, weil man seine Lebensaufgabe nicht findet.

+ *Zielfindung, innere Konsequenz*

37| Wild Rose – Hundsrose

– Man fühlt sich apathisch, teilnahmslos; innere Kapitulation.

+ *Innere Motiviertheit, Lebensfreude*

38| Willow – Gelbe Weide

– Man fühlt sich den Umständen machtlos ausgeliefert; ist verbittert und sieht sich als »Opfer des Schicksals«.

+ *Schicksalsannahme, Selbstverantwortung, konstruktives Denken*

Notfalltropfen

Man ist durch Schreck oder schockierende Erlebnisse aus dem Gleichgewicht gekommen; man ist in innerer Spannung, weil Aufregendes bevorsteht.

Über die Autorin

Mechthild Scheffer ist eine der großen Persönlichkeiten in der Welt ganzheitlicher Heilung. Als Wegbereiterin und Pionierin der Bachblütentherapie brachte sie 1981 das Werk von Dr. Edward Bach in den deutschen Sprachraum und führte es in 30 Jahren zu seiner jetzigen eindrucksvollen Entfaltung.

Jahrzehntelang fungierte Mechthild Scheffer als Repräsentantin des englischen Bach Centres in den deutschsprachigen Ländern. Ihre mehr als 30-jährige Praxis- und Forschungstätigkeit fand ihren Niederschlag in 16 Büchern und diversen anderen Veröffentlichungen. Einige ihrer Bücher gelten als Grundlagenwerke der Original Bachblütentherapie und wurden in viele Sprachen übersetzt.

Mechthild Scheffer entwickelte das weltweit erste Ausbildungsprogramm in der Original Bachblütentherapie und gründete die Institute für Bachblütentherapie, Forschung und Lehre in Hamburg, Wien und Zürich.

Aktuell engagiert sich Mechthild Scheffer für die Integration der Bach'schen Erkenntnisse in andere geeignete Therapieansätze und Initiativen zur psychosozialen Gesundheitsvorsorge.

Mechthild Scheffer
Institut für Bachblütentherapie
Forschung und Lehre

Websites:
www.bach-bluetentherapie.com
www.reharmony.org

Literaturhinweise

Wenn Sie mehr über die Original Bachblütentherapie erfahren möchten …

Das Standardwerk

Mechthild Scheffer: *Die Original Bachblütentherapie. Das gesamte theoretische und praktische Bach-Blütenwissen,* München: Irisiana
Der bewährte Klassiker mit der ausführlichsten Beschreibung der 38 Bachblüten-Konzentrate für Anwender, Lehrende und Behandler. Im Praxisteil:

- Schritt-für-Schritt-Anleitung zur Zusammenstellung einer Bachblüten-Mischung für sich selbst und andere
- 127 Entscheidungshilfen zwischen zwei Blüten
- Fragebögen zur Selbsteinschätzung für Erwachsene, Eltern und Kinder sowie Tierhalter und Tiere
- Antworten auf alle Praxisfragen

Ergänzung zum Standardwerk

Mechthild Scheffer: *Bachblüten als Wegbegleiter. Entfalte deine Seelenstärke,* München: Irisiana. Set mit Buch und 39 Karten.
Erstmals präsentiert Mechthild Scheffer hier den gezielten Einsatz der Bachblütentherapie zur Entfaltung der eigenen seelischen Stärken und Talente. Beispiele aus der bildenden Kunst geben die Blütenkonzepte optisch treffend und genau wieder. Der Text erklärt die Auslöser (geistige Missverständnisse) der akuten seelischen Situation und wie man sie korrigieren kann.

Mechthild Scheffer: *Die Original Bachblütentherapie. Das Hörbuch zum Standardwerk – Theorie und Praxis,* Hamburg: Aurinia
Das Hörbuch zum Standardwerk beinhaltet das geistige Konzept

der Bachblütentherapie sowie die ausführlichen Erklärungen der 38 Bachblüten. In der Einführung berichtet Mechthild Scheffer persönlich, wie sie zur Bachblütentherapie kam und diese von ihr weiterentwickelt wurde. Aus ihrer mehr als 30-jährigen Praxis gibt sie Hinweise zur Auswahl einer passenden Bachblüten-Mischung sowie zur praktischen Anwendung.

Zum Einstieg

Mechthild Scheffer: *Die Original Bachblütentherapie für Einsteiger*, München: Irisiana
Die wichtigsten Fragen und Antworten für Einsteiger, Fragebogen zur Bestimmung der richtigen Bachblüten, Rezeptbausteine für die individuelle Bachblüten-Mischung, Special zu den Notfall-Tropfen, die richtige Anwendung bei Kindern, Bachblüten-Hilfe für Haustiere.

Mechthild Scheffer: *Die Original Bachblütentherapie. Das Kartenset zum einfachen Einstieg*, München: Irisiana
Die Grundlagen der Original Bachblütentherapie im handlichen Kartenformat. Mit Fotos der Blüten, Kraftformeln und dem Kurzüberblick über den blockierten Zustand und die positiven Entwicklungsmöglichkeiten.

Zur Vertiefung

Mechthild Scheffer/Wolf-Dieter Storl: *Die Seelenpflanzen des Edward Bach*, Bielefeld: Aurum
Die Wirkung jeder Pflanze in der Bachblütentherapie wird um ihre botanische, heilkundliche und kulturelle Bedeutung ergänzt. So wird das Bild einer Heiltradition deutlich, deren Wurzeln weitaus älter sind als die Bachblütentherapie selbst.

Mechthild Scheffer: *Bachblüten-Selbsthilfe in Krisensituationen,* München: Knaur MensSana
50 Praxisbeispiele zur Krisenbewältigung mit Bachblüten. Mit Rezeptbausteinen für persönliche Krisenmischungen.

Bachblüten bei Tieren

Heidi Kübler: *Bach-Blütentherapie in der Tiermedizin,* Stuttgart: Sonntag Verlag
Die Bachblütentherapie ist auch in der Tiermedizin erfolgreich anwendbar. Die Autorin, praktische Tierärztin, stellt die Integration der Bachblüten in die Tierarztpraxis praxisnah und anschaulich dar.

Petra Stein: *Bachblüten für Hunde. Sanfte Medizin für unseren Hund,* Stuttgart: Kosmos
Die Tierheiltherapeutin Petra Stein vermittelt in diesem Buch Hundebesitzern Erfahrungen mit den Bachblüten aus ihrer Praxis.

Gisela Kraa: *Bachblüten für Katzen. Sanfte Medizin für unsere Katze,* Stuttgart: Kosmos
Gisela Kraa ist Tierheilpraktikerin und Spezialistin für die Anwendung von Bachblüten bei Katzen.

MECHTHILD SCHEFFER

DIE ORIGINAL BACHBLÜTENTHERAPIE

Die Bachblütentherapie ist eine sanfte, natürliche und spirituelle Heilmethode mit Blütenessenzen. Selbsthilfe für die Seelennatur des Menschen. Wir alle haben die 38 Persönlichkeitskonzepte der Bachblüten als Seelenpotenziale in uns. Sie sprechen das Höchste in uns an, entfalten und aktivieren unsere spirituellen und körperlichen Selbstheilungskräfte und bringen uns wieder in Kontakt mit unserer inneren Führung, unserer höheren Natur. »Heile dich selbst, entfalte dich selbst« ist das Credo der Original Bachblütentherapie.

3 CDs in DVD-Box
ausführliches Booklet, ca. 200 Min.
ISBN 978-3-95659-023-8

Vor über 50 Jahren geschah ein Wunder in den windgepeitschten und unfruchtbaren Sanddünen im hohen Nordosten Schottlands. Auf einem kleinen Areal mit ertragsarmem Boden wuchsen rund um einen neun Meter langen Wohnwagen die wunderschönsten Blumen und Obst und Gemüse von enormer Größe. Mit einem absoluten Glauben an die Kunst der Manifestation folgten Eileen und Peter Caddy zusammen mit ihrer Freundin Dorothy Maclean mit Hingabe der Führung Gottes und schufen an diesem Ort ein Heim mit einem magischen Garten. Sie lernten die Naturgeister und Devas zu kontaktieren und mit ihnen zusammenzuarbeiten. Das machte das Unmögliche möglich, und das mittlerweile weltbekannte Findhorn-Phänomen war geboren.

Dieses Buch ist eine Einladung, mit den Wesen der unsichtbaren Reiche – den Naturgeistern, Engeln und Devas – zusammenzuwirken.

Heilung bedeutet Ganzwerdung und umfasst Körper und Seele, Herz und Denken. Der Autor des legendären »Kybalion« erklärt detailliert spirituelle, mentale und körperorientierte Heiltechniken, deren praktische Anwendungsformen sowie zahlreiche Übungen und Methoden zur Selbstheilung und der Heilung anderer: Prana-Heilung, die Heilkraft des Yoga durch einfache Atemtechniken, Heilung durch Gedankenkraft, Spirituelle Heilung u. v. m.

Es gibt viele subtile Kräfte und Energieformen in der Natur, die für alternative Behandlungen und naturnahe Heiltechniken eingesetzt werden können. Alles ist Energie, alles ist Geist. Wir alle wissen, das jede Form, jedes Leben und die Materie selbst eine Energiefrequenz ist. Alles ist in Schwingung und alles reagiert auf Energie mit Resonanz. Auf den verschiedenen Ebenen wirkt daher jede Energie anders. Heilung heißt, diese Energien wieder in Harmonie zu bringen.

Softcover, 138 x 200 mm, 144 Seiten
ISBN 978-3-95659-013-9